Patenterteilung, Einspruch, Beschwerde und Nichtigkeit.

Thomas Heinz Meitinger

Patenterteilung, Einspruch, Beschwerde und Nichtigkeit.

Die Verfahren vor dem DPMA, dem EPA und dem BPatG

Thomas Heinz Meitinger
Meitinger Patentanwalts GmbH
München, Deutschland

ISBN 978-3-662-71433-1   ISBN 978-3-662-71434-8 (eBook)
https://doi.org/10.1007/978-3-662-71434-8

Die Deutsche Nationalbibliothek verzeichnet diese Publikation in der Deutschen Nationalbibliografie; detaillierte bibliografische Daten sind im Internet über https://portal.dnb.de abrufbar.

© Der/die Herausgeber bzw. der/die Autor(en), exklusiv lizenziert an Springer-Verlag GmbH, DE, ein Teil von Springer Nature 2025

Das Werk einschließlich aller seiner Teile ist urheberrechtlich geschützt. Jede Verwertung, die nicht ausdrücklich vom Urheberrechtsgesetz zugelassen ist, bedarf der vorherigen Zustimmung des Verlags. Das gilt insbesondere für Vervielfältigungen, Bearbeitungen, Übersetzungen, Mikroverfilmungen und die Einspeicherung und Verarbeitung in elektronischen Systemen.
Die Wiedergabe von allgemein beschreibenden Bezeichnungen, Marken, Unternehmensnamen etc. in diesem Werk bedeutet nicht, dass diese frei durch jede Person benutzt werden dürfen. Die Berechtigung zur Benutzung unterliegt, auch ohne gesonderten Hinweis hierzu, den Regeln des Markenrechts. Die Rechte des/der jeweiligen Zeicheninhaber*in sind zu beachten.
Der Verlag, die Autor*innen und die Herausgeber*innen gehen davon aus, dass die Angaben und Informationen in diesem Werk zum Zeitpunkt der Veröffentlichung vollständig und korrekt sind. Weder der Verlag noch die Autor*innen oder die Herausgeber*innen übernehmen, ausdrücklich oder implizit, Gewähr für den Inhalt des Werkes, etwaige Fehler oder Äußerungen. Der Verlag bleibt im Hinblick auf geografische Zuordnungen und Gebietsbezeichnungen in veröffentlichten Karten und Institutionsadressen neutral.

Springer Vieweg ist ein Imprint der eingetragenen Gesellschaft Springer-Verlag GmbH, DE und ist ein Teil von Springer Nature.
Die Anschrift der Gesellschaft ist: Heidelberger Platz 3, 14197 Berlin, Germany

Wenn Sie dieses Produkt entsorgen, geben Sie das Papier bitte zum Recycling.

Vorwort

Das Patenterteilungsverfahren vor dem Patentamt dient insbesondere dazu, den größtmöglichen Schutzbereich vor dem Hintergrund des Stands der Technik für den Anmelder zu finden. Während des Erteilungsverfahrens sind in aller Regel mehrere amtliche Bescheide zu erwidern und regelmäßig die ursprünglichen Ansprüche anzupassen, um einen erteilungsfähigen Anspruchssatz zu erhalten. Dieses Buch beschreibt das amtliche Erteilungsverfahren und gibt Hinweise, damit eine Patenterteilung zügig und erfolgreich erreicht wird. Gelingt die Patenterteilung nicht, kann der Zurückweisungsbeschluss des Patentamts durch eine sogenannte „Anmelderbeschwerde" vor dem Bundespatentgericht angegriffen werden.

Nach der Patenterteilung kann ein Patent durch jeden Dritten in einem streitigen Verfahren vor einem Patentamt oder einem Gericht angegriffen werden. Vor dem Deutschen Patent- und Markenamt, finden die Einspruchsverfahren gegen deutsche Patente statt. Vor dem Europäischen Patentamt, werden die Einsprüche und Einspruchsbeschwerden gegen europäische Patente verhandelt. Einspruchsbeschwerden und Nichtigkeitsverfahren gegen deutsche Patente oder den deutschen Teil eines europäischen Patents werden vor dem Bundespatentgericht verhandelt. Vor dem Bundesgerichtshof in Karlsruhe finden die Nichtigkeitsberufungsverfahren gegen deutsche Patente statt. Außerdem gibt es noch amtliche Löschungsverfahren gegen Gebrauchsmuster, Marken und Designrechte. Alle diese Verfahren vor dem DPMA (Deutsches Patent- und Markenamt), dem EPA (Europäisches Patentamt), dem BPatG (Bundespatentgericht), dem BGH (Bundesgerichtshof), dem EUIPO (European Union Intellectual Property Office) und dem EPG (Einheitliches Patentgericht) werden in diesem Buch beschrieben.

Das erste Kapitel gibt eine Übersicht über den gewerblichen Rechtsschutz und seine Verfahren. Die Kap. 2 bis 15 beschreiben die Verfahren auf Grundlage von technischen Schutzrechten, also Patenten und Gebrauchsmustern. Das Kap. 16 befasst sich mit Marken und das Kap. 17 mit Designrechten. Der Schwerpunkt des Buchs liegt daher auf den Verfahren aufgrund technischer Schutzrechte.

München
im März 2025

Dr. Thomas
Heinz Meitinger

Inhaltsverzeichnis

1	**Grundlagen des gewerblichen Rechtsschutzes**		1
	1.1	Gewerblicher Rechtsschutz	2
	1.2	Patentanmeldung	2
	1.3	Patent	3
	1.4	Gebrauchsmuster	3
	1.5	Marke	4
	1.6	Designrecht	4
	1.7	Patenterteilungsverfahren	4
	1.8	Einspruchsverfahren	5
	1.9	Nichtigkeitsverfahren	5
	1.10	Verletzungsverfahren	5
	1.11	Beschwerdeverfahren	6
	1.12	Einspruchs- und Widerrufsgründe	6
	1.13	Fachmann	6
	1.14	Neuheit	9
	1.15	Erfinderische Tätigkeit	10
	1.16	Gewerbliche Anwendbarkeit	12
	1.17	Unzulässige Erweiterung	12
	1.18	Ausführbarkeit	12
	1.19	Erlaubte Benutzungen eines Patents	12
	1.20	Einwendungen Dritter	12
	1.21	Deutsches Patent- und Markenamt (DPMA)	13
	1.22	Europäisches Patentamt (EPA)	13
	1.23	Bundespatentgericht (BPatG)	13
	1.24	Bundesgerichtshof (BGH)	14
	1.25	European Union Intellectual Property Office (EUIPO)	15
2	**Patenterteilung**		17
	2.1	Bedeutung des Patenterteilungsverfahrens	18
	2.2	Zeitlicher Ablauf des Patenterteilungsverfahrens	18

2.3	Formale Prüfung	18
2.4	Erfindernennung	19
2.5	Inhaltliche Prüfung	20
2.6	Bescheidserwiderung wegen Neuheit und erfinderischer Tätigkeit	20
2.7	Bescheidserwiderung wegen Anpassung der Beschreibung	24
2.8	Beispiel 1: Stelzenhaus	25
2.9	Beispiel 2: Nagelbilder	30
3	**Deutsches Einspruchsverfahren**	**37**
3.1	Bedeutung des Einspruchsverfahrens	38
3.2	Zeitlicher Ablauf eines Einspruchsverfahrens	39
3.3	Gerichtsähnliches Verwaltungsverfahren	39
3.4	Rechtsstellung der Beteiligten	40
3.5	Amtsermittlungsgrundsatz	40
3.6	Verfahrensablauf	40
3.7	Zulässigkeit des Einspruchs	41
3.8	Begründetheit des Einspruchs	41
3.9	Auslegung von Ansprüchen	43
3.10	Rechtliches Gehör	44
3.11	Beitritt zum Einspruch	45
3.12	Rücknahme des Einspruchs	45
3.13	Beschluss der Patentabteilung	46
3.14	Kosten des Einspruchsverfahrens	46
4	**Beschwerdeverfahren vor dem BPatG**	**47**
4.1	Bedeutung des Beschwerdeverfahrens	48
4.2	Zeitlicher Ablauf eines deutschen Beschwerdeverfahrens	49
4.3	Beschwer	49
4.4	Statthaftigkeit	49
4.5	Zulässigkeit	49
4.6	Begründetheit	50
4.7	Verzicht auf Beschwerde	50
5	**Deutsche Anmelderbeschwerde**	**51**
5.1	Abhilfe	52
5.2	Teilnahme des Patentamts	52
5.3	Mündliches Verfahren	52
5.4	Entscheidung über die Beschwerde	53
5.5	Kosten des Beschwerdeverfahrens	53
6	**Deutsche Einspruchsbeschwerde**	**55**
6.1	Zeitlicher Ablauf eines Einspruchsbeschwerdeverfahrens	55
6.2	Bedeutung der Einspruchsbeschwerde vor dem BPatG	55

7	**Gebrauchsmusterlöschungsverfahren**		57
	7.1	Zeitlicher Ablauf eines Löschungsverfahrens	57
	7.2	Verfahren	58
	7.3	Entscheidung der Gebrauchsmusterabteilung	59
	7.4	Kosten des Verfahrens	59
8	**Gebrauchsmusterbeschwerdeverfahren**		61
	8.1	Bedeutung des Gebrauchsmusterbeschwerdeverfahrens	61
	8.2	Aussetzung	61
	8.3	Zulassung der Rechtsbeschwerde	62
9	**Rechtsbeschwerde vor dem BGH**		63
	9.1	Zeitlicher Ablauf einer Rechtsbeschwerde	63
	9.2	Zulassung der Rechtsbeschwerde	64
	9.3	Rechtsbeschwerde ohne Zulassung	64
	9.4	Rechtsverletzung	65
	9.5	Begründung der Rechtsbeschwerde	65
	9.6	Verfahren	65
	9.7	Kosten der Rechtsbeschwerde	66
	9.8	Zugelassener Rechtsanwalt	66
10	**Nichtigkeitsverfahren**		67
	10.1	Bedeutung des Nichtigkeitsverfahrens	68
	10.2	Zeitlicher Ablauf eines Nichtigkeitsverfahrens	68
	10.3	Zulässigkeit	69
	10.4	Nichtigkeitsgründe	70
	10.5	Aussetzung	72
	10.6	Abgrenzung des Nichtigkeitsverfahrens zum Einspruchsverfahren	74
	10.7	Beispiel	75
11	**Nichtigkeitsberufung**		77
	11.1	Zeitlicher Ablauf der Nichtigkeitsberufung	77
	11.2	Frist und Form	78
	11.3	Begründung	79
	11.4	Verfahren	79
	11.5	Entscheidung des Bundesgerichtshofs	80
	11.6	Vertretungszwang	80
12	**Europäisches Einspruchsverfahren**		81
	12.1	Bedeutung des europäischen Einspruchsverfahrens	81
	12.2	Zeitlicher Ablauf eines europäischen Einspruchsverfahrens	82
	12.3	Beispiel eines Einspruchsschriftsatzes	83
	12.4	Beispiel einer Stellungnahme zu einem Einspruchsschriftsatz	90

13 Europäische Einspruchsbeschwerde 101
    13.1   Zeitlicher Ablauf einer Einspruchsbeschwerde 101
    13.2   Beschwerdefähige Entscheidung 101
    13.3   Beschwerdekammern 102
    13.4   Frist und Form 102
    13.5   Überprüfung durch die Große Beschwerdekammer 102

14 Patentverletzungsverfahren 105
    14.1   Zeitlicher Ablauf eines Patentverletzungsverfahrens 106
    14.2   Ansprüche 106
    14.3   Aktivlegitimation 108
    14.4   Grenzen der Anspruchsdurchsetzung 108
    14.5   Patentstreitkammern 109
    14.6   Anwaltszwang 109
    14.7   Kosten 109

15 Einheitspatent 111
    15.1   Verfahren zum Einheitspatent 112
    15.2   Jahresgebühren 113
    15.3   Einheitliches Patentgericht 113

16 Marken 115
    16.1   Widerspruch 115
    16.2   Löschung 118
    16.3   Verletzungsverfahren 120

17 Designrechte 123
    17.1   Nichtigkeitsverfahren 123
    17.2   Verletzungsverfahren 126

Stichwortverzeichnis 129

Über den Autor

Dr. Thomas Heinz Meitinger ist deutscher und europäischer Patentanwalt. Er ist der Geschäftsführer der Meitinger Patentanwalts GmbH. Die Meitinger Patentanwalts GmbH ist eine mittelständische Patentanwaltskanzlei in München. Nach einem Studium der Elektrotechnik in Karlsruhe arbeitete er zunächst als Entwicklungsingenieur. Spätere Stationen waren Tätigkeiten als Produktionsleiter und technischer Leiter in mittelständischen Unternehmen. Dr. Meitinger veröffentlicht regelmäßig wissenschaftliche Artikel, schreibt Fachbücher zum gewerblichen Rechtsschutz und zu technischen Themen. Er hält Vorträge zum Patent-, Marken- und Designrecht. Dr. Meitinger ist Dipl.-Ing. (Univ.) und Dipl.-Wirtsch.-Ing. (FH). Außerdem führt er folgende Mastertitel: LL.M., LL.M., MBA, MBA, M.A. und M.Sc.

Abkürzungsverzeichnis

BGH   Bundesgerichtshof
BPatG   Bundespatentgericht
DPMA   Deutsches Patent- und Markenamt
EPA   Europäisches Patentamt
EPG   Einheitliches Patentgericht (auch UPC: Unified Patent Court)
EPÜ   Europäisches Patentübereinkommen
EUIPO   European Union Intellectual Property Office

Grundlagen des gewerblichen Rechtsschutzes

Inhaltsverzeichnis

1.1	Gewerblicher Rechtsschutz	2
1.2	Patentanmeldung	2
1.3	Patent	3
1.4	Gebrauchsmuster	3
1.5	Marke	4
1.6	Designrecht	4
1.7	Patenterteilungsverfahren	4
1.8	Einspruchsverfahren	5
1.9	Nichtigkeitsverfahren	5
1.10	Verletzungsverfahren	5
1.11	Beschwerdeverfahren	6
1.12	Einspruchs- und Widerrufsgründe	6
1.13	Fachmann	6
1.14	Neuheit	9
1.15	Erfinderische Tätigkeit	10
1.16	Gewerbliche Anwendbarkeit	12
1.17	Unzulässige Erweiterung	12
1.18	Ausführbarkeit	12
1.19	Erlaubte Benutzungen eines Patents	12
1.20	Einwendungen Dritter	12
1.21	Deutsches Patent- und Markenamt (DPMA)	13
1.22	Europäisches Patentamt (EPA)	13
1.23	Bundespatentgericht (BPatG)	13
1.24	Bundesgerichtshof (BGH)	14
1.25	European Union Intellectual Property Office (EUIPO)	15

© Der/die Autor(en), exklusiv lizenziert an Springer-Verlag GmbH, DE, ein Teil von Springer Nature 2025
T. H. Meitinger, *Patenterteilung, Einspruch, Beschwerde und Nichtigkeit.*,
https://doi.org/10.1007/978-3-662-71434-8_1

In dem Einführungskapitel werden die wesentlichen einseitigen (nur der Anmelder ist beteiligt) und zweiseitigen (Anmelder versus gegnerischer Beteiligter bzw. Partei) Verfahren vorgestellt und die Institutionen, vor denen diese Verfahren geführt werden. Außerdem werden die wichtigsten Widerrufsgründe genannt, die in den Verfahren verhandelt werden.

Es werden die Patentierungsvoraussetzungen beschrieben und die unterschiedlichen technischen Schutzrechtsarten Patentanmeldung, Patent und Gebrauchsmuster vorgestellt. Das deutsche und das europäische Patentrecht kennt das amtliche Patenterteilungsverfahren, bei dem das betreffende Patentamt die Anmeldung einer amtlichen Prüfung auf Schutzwürdigkeit unterzieht. Am Ende des Prüfungsverfahren steht ein erteiltes Patent oder die Zurückweisung der Patentanmeldung.

Das Gebrauchsmusterrecht kennt kein amtliches Prüfungsverfahren. Die Rechtsbeständigkeit eines Gebrauchsmusters wird nur in einem Löschungsverfahren vor dem DPMA bzw. einem Gebrauchsmusterbeschwerdeverfahren, als Rechtsmittel des Löschungsverfahrens, vor dem Bundespatentgericht geprüft.

1.1 Gewerblicher Rechtsschutz

Der gewerbliche Rechtsschutz befasst sich mit den Schutzrechten, die Erfinder und Unternehmen bei einem Patentamt anmelden, um ihre geschäftliche Tätigkeit rechtlich abzusichern. Die bekanntesten Schutzrechte sind Patente, Gebrauchsmuster und Marken. Eine geringere Bedeutung haben Designrechte.

1.2 Patentanmeldung

Eine Patentanmeldung erhält einen Anmeldetag, wenn sie einer formalen Prüfung durch das Patentamt gerecht wird.[1] Eine Patentanmeldung ist ein inhaltlich ungeprüftes Schutzrecht und entfaltet kein Verbietungsrecht. Jedem ist es gestattet, die in Patentanmeldungen beschriebenen Erfindungen zu benutzen. Der Inhaber kann nur eine Entschädigung für die Benutzung ab dem Zeitpunkt der Veröffentlichung der Patentanmeldung verlangen.[2] Der Entschädigungsanspruch entspricht nicht einem Schadensersatz und ist geringer.

---

[1] § 35 Absatz 1 Patentgesetz.

[2] § 33 Absatz 1 Patentgesetz.

1.3 Patent

Innerhalb eines Zeitraums von sieben Jahren nach dem Anmeldetag ist ein Prüfungsantrag zu stellen.[3] Ansonsten verfällt die Anmeldung. Der Prüfungsantrag startet das Erteilungsverfahren, an dessen Ende ein erteiltes Patent stehen kann. Das Patent gewährt dem Patentinhaber einen Unterlassungsanspruch gegen jede unerlaubte Benutzung der patentierten Erfindung.[4]

Der Unterlassungsanspruch besteht bei einer Erstbegehungsgefahr, falls beispielsweise ein Unberechtigter bereits angekündigt hat, das Patent nicht zu respektieren, und bei einer Wiederholungsgefahr. Eine Wiederholungsgefahr ist gegeben, falls eine erste Patentverletzung bereits begangen wurde.

Allerdings hat der Unterlassungsanspruch des Patentinhabers seine Grenzen, insbesondere kann eine private Benutzung nicht unterbunden werden.[5] Außerdem dürfen Experimente mit der technischen Lehre eines Patents durchgeführt werden, um die patentierte Erfindung besser zu verstehen.[6]

1.4 Gebrauchsmuster

Im Gebrauchsmusterrecht gibt es kein amtliches Prüfungsverfahren, das die Rechtsbeständigkeit der beschriebenen Erfindung zum Inhalt hat. Es kann nur ein Antrag auf eine amtliche Recherche nach dem Stand der Technik beantragt werden, der zur Bewertung der Rechtsbeständigkeit heranzuziehen ist.[7]

Das Patentamt prüft die Gebrauchsmusteranmeldung vor der Eintragung in das Register auf formale Mängel, insbesondere ob der Anmelder genannt ist, ein Antrag auf Eintragung des Gebrauchsmusters in das Register und eine Beschreibung der Erfindung vorhanden sind.[8] Sind diese formalen Voraussetzungen erfüllt, wird das Gebrauchsmuster in das Register des Patentamts aufgenommen.[9]

Das Gebrauchsmuster ist zwar ein ungeprüftes Schutzrecht, dennoch wird dem Schutzrechtsinhaber ein Verbietungsrecht analog zu einem Patent zugestanden.[10] Allerdings ist vor der Geltendmachung eines Unterlassungsanspruchs zu empfehlen, die

---

[3] § 44 Absatz 2 Satz 1 Patentgesetz.
[4] § 9 Satz 2 Patentgesetz.
[5] § 11 Nr. 1 Patentgesetz.
[6] § 11 Nr. 2 Patentgesetz.
[7] § 7 Absatz 1 Gebrauchsmustergesetz.
[8] § 4 Absatz 3 Nr. 1, 2 und 4 Patentgesetz.
[9] § 8 Absatz 1 Satz 1 Patentgesetz.
[10] § 11 Absatz 1 Satz 2 Patentgesetz.

Rechtsbeständigkeit des betreffenden Gebrauchsmusters zu prüfen. Insbesondere sollte ein Gutachten zur Neuheit und zum erfinderischen Schritt des Gebrauchsmusters erstellt werden.

1.5 Marke

Ein bundesweit geltendes Markenrecht kann durch die Eintragung in das Register des Deutschen Patent- und Markenamts erlangt werden. Eine EU-weite Marke kann beim EUIPO beantragt werden.

1.6 Designrecht

Ein Designschutz kann für eine zwei- oder dreidimensionale Erscheinungsform eines Erzeugnisses erlangt werden, wobei die besonderen Linien, Konturen, Farben, die Gestalt oder die Oberflächenstruktur geschützt werden.[11]

1.7 Patenterteilungsverfahren

Das Patenterteilungsverfahren (Englisch: Patent Prosecution bzw. Prosecution, die Rechtsstreitigkeiten werden als litigation bezeichnet) dient der Prüfung einer Erfindung einer Patentanmeldung auf Patentwürdigkeit. Die technische Lehre einer Patentanmeldung muss insbesondere neu sein und auf einer erfinderischen Tätigkeit basieren.[12] Das Ziel eines Patenterteilungsverfahrens ist es, eine Anspruchsformulierung zu finden, die die Kriterien des Patentrechts vor dem Hintergrund des Stands der Technik erfüllt.

Ein Patenterteilungsverfahren erfolgt in einem schriftlichen Verfahren, bei dem der Anmelder auf Bescheide des Patentamts durch „Bescheidserwiderungen" reagieren muss. In den Bescheiden werden die Mängel aufgelistet, die einer Patenterteilung entgegen stehen.[13] Zur Erwiderung wird dem Anmelder eine Frist gesetzt, die zumeist vier Monate beträgt. Die vom Amt beschriebenen Mängel der Patentanmeldung sind zu beheben. Ansonsten wird die Patentanmeldung zurückgewiesen.[14]

---

[11] § 1 Nr. 1 Designgesetz.
[12] § 1 Absatz 1 Patentgesetz.
[13] § 45 Absatz 1 Satz 1 Patentgesetz.
[14] § 48 Satz 1 Patentgesetz.

Auf Antrag wird der Anmelder am Ende des Erteilungsverfahrens, wenn die Zurückweisung der Anmeldung droht, zu einer mündlichen Anhörung geladen. Das ist dann die letzte Chance auf Patenterteilung und sollte dringend wahrgenommen werden. Der Antrag muss schriftlich gestellt werden. Vorteilhafterweise wird der Antrag in der Bescheidserwiderung beispielsweise mit folgenden Worten gestellt:

> *„Falls jedoch das neue Patentbegehren nicht als gewährbar erachtet werden sollte und eine Zurückweisung der Anmeldung erwogen wird, wird hilfsweise mündliche Anhörung beantragt."* (Antrag auf mündliche Anhörung nach §46 Absatz 1 Satz 3 Patentgesetz).

1.8 Einspruchsverfahren

Das Einspruchsverfahren dient der amtlichen Überprüfung eines erteilten Patents im streitigen Verfahren. Eine begründete Einspruchserhebung innerhalb der neunmonatigen Einspruchsfrist nach Veröffentlichung der Erteilung des Patents führt zum Widerruf der Patenterteilung.[15] Der Einsprechende kann insbesondere mangelnde Neuheit und das Fehlen einer erfinderischen Tätigkeit als Einspruchsgrund geltend machen.[16]

1.9 Nichtigkeitsverfahren

Ein Nichtigkeitsverfahren dient der gerichtlichen Überprüfung eines erteilten Patents und wird durch eine Klage eingeleitet.[17]

1.10 Verletzungsverfahren

Eine Patentverletzung kann mit einem Verletzungsverfahren vor einem Landgericht bekämpft werden.[18] Hierzu wurden für jedes Bundesland spezielle Patentstreitkammern eingerichtet, die ausschließlich für Patentstreitsachen zuständig sind.[19]

---

[15] § 59 Absatz 1 Satz 1 Patentgesetz.
[16] § 21 Absatz 1 Nr. 1 Patentgesetz.
[17] § 81 Absatz 1 Satz 1 Patentgesetz.
[18] § 139 Absatz 1 Satz 1 Patentgesetz.
[19] § 143 Absätze 1 und 2 Patentgesetz.

1.11 Beschwerdeverfahren

Mit einer Beschwerde vor dem Patentgericht können Beschlüsse des Deutschen Patent- und Markenamts angegriffen werden.[20] Die Entscheidungen der Prüfungsabteilungen und der Einspruchsabteilungen des Europäischen Patentamts können mit einer Beschwerde angefochten werden.[21]

1.12 Einspruchs- und Widerrufsgründe

Ein Patent wird widerrufen, wenn die beschriebene Erfindung nicht neu ist[22], nicht auf einer erfinderischen Tätigkeit basiert[23] oder nicht gewerblich anwendbar ist[24].

Außerdem kann ein Patent widerrufen werden, wenn die Erfindung nicht so deutlich und vollständig offenbart ist, dass sie ein Fachmann ausführen kann.[25] Eine widerrechtliche Entnahme (Vindikation) kann vom Berechtigten geltend gemacht werden.[26] Eine widerrechtliche Entnahme liegt vor, wenn eine Erfindung nicht vom Erfinder oder dessen Rechtsnachfolger, sondern von einem Unberechtigten zum Patent angemeldet wurde.

Eine unzulässige Erweiterung liegt vor, falls die technische Lehre des Patents über das hinausgeht, was ursprünglich beim Patentamt als Anmeldung eingereicht wurde.[27]

1.13 Fachmann

Der „Fachmann" des Patentrechts stellt einen unbestimmten Rechtsbegriff dar. Der patentrechtliche Fachmann ist immer zu definieren, wenn ein technischer Sachverhalt zu klären ist. Insbesondere wird die Kunstfigur des patentrechtlichen Fachmanns bei der Beurteilung von Dokumenten des Stands der Technik, bei der Frage der Ausführbarkeit einer Erfindung (§ 34 Abs. 4 PatG), bei der Prüfung der Neuheitsschädlichkeit (§ 3 PatG), bei der Bewertung der erfinderischen Tätigkeit (§ 4 PatG), bei der Auslegung

---

[20] § 73 Absatz 1 Patentgesetz.
[21] Artikel 106 Absatz 1 Satz 1 Europäisches Patentübereinkommen (EPÜ).
[22] § 21 Absatz 1 Nr. 1 i. V. m. § 3 Absatz 1 Satz 1 Patentgesetz.
[23] § 21 Absatz 1 Nr. 1 i. V. m. § 4 Satz 1 Patentgesetz.
[24] § 21 Absatz 1 Nr. 1 i. V. m. § 5 Patentgesetz.
[25] § 21 Absatz 1 Nr. 2 Patentgesetz.
[26] §21 Absatz 1 Nr. 3 Patentgesetz.
[27] § 21 Absatz 1 Nr. 4 Patentgesetz.

1.13 Fachmann

von Patentansprüchen, um den Schutzumfang zu bestimmen (§ 14 PatG), und der Beurteilung, ob eine Patentverletzung vorliegt, benötigt.[28]

Der patentrechtliche Fachmann wird als Experte auf seinem technischen Gebiet aufgefasst.[29] Der fiktive patentrechtliche Fachmann weist ein Fachwissen und ein Fachkönnen auf. Das Fachwissen hat sich der Fachmann durch die übliche Ausbildung, insbesondere ein Ingenieursstudium, und praktische Erfahrungen durch seine berufliche Tätigkeit angeeignet.[30] Das Fachkönnen stellt die Fähigkeit des Fachmanns dar, eine Lösung eines technischen Problems durch kreative Überlegungen zu finden. Allerdings weist der patentrechtliche Fachmann nicht ein ausreichendes Fachkönnen auf, um gemäß § 4 Satz 1 Patentgesetz erfinderisch zu sein.

Der patentrechtliche Fachmann ist eine fiktive Hilfsfigur[31], die im Patentrecht einen zentralen Beurteilungsmaßstab darstellt.[32] Allerdings kann es sich bei dem anzuwendenden Fachmann auch um eine konkrete natürliche Person handeln.[33] Der patentrechtliche Fachmann ist ein durchschnittlicher Sachverständiger[34] auf dem technischen Gebiet der zu beurteilenden Erfindung und weist eine übliche Ausbildung und ein Fachkönnen durch seine berufliche Tätigkeit auf.[35] Der Fachmann weist daher ein durchschnittliches Fachkönnen und Fachwissen auf.[36]

Die Bestimmung des Fachmanns darf sich nicht nach der zu bewertenden Erfindung richten, da dies eine rückschauende Bewertung der erfinderischen Tätigkeit bedeuten würde. Eine rückschauende Bewertung ist nicht statthaft, da im Nachhinein vieles einfach erscheint. Vielmehr ist der Fachmann nach dem technischen Gebiet zu bestimmen,

---

[28] Dreiss: Der Durchschnittsfachmann als Maßstab für ausreichende Offenbarung, Patentfähigkeit und Patentauslegung (GRUR 1994, 781) 782.
[29] Benkard PatG/Asendorf/Schmidt/Tochtermann, 12. Aufl. 2023, PatG § 4 Rn. 64; BGH GRUR 1959, 532 (536 f.) – Elektromagnetische Rührvorrichtung; BGH Liedl 1974/1977, 69 (78) – Schießscheibe; BGH BeckRS 2009, 23384 Rn. 31 = BeckRS 2009, 23384.
[30] BeckOK PatR/Fitzner/Metzger, 29. Ed. 15.4.2023, PatG § 3 Rn. 8.
[31] BGH GRUR 2004, 1023 – Bodenseitige Vereinzelungsvorrichtung; GRUR 2006, 663 = BlPMZ 2006, 320 – Vorausbezahlte Telefongespräche.
[32] Osterrieth: Der Fachmann im Patentrecht GRUR 2021, 310.
[33] BGH GRUR 2004, 1023 – Bodenseitige Vereinzelungseinrichtung; Kulhavy Mitt 2011, 179; Klett GRUR 2001, 549 (552); BGH GRUR 2018, 390 – Wärmeenergieverwaltung; GRUR 2010, 602 – Gelenkanordnung; Meier-Beck Mitt 2005, 529; Niedlich FS König, 2003, 399; Osterrieth: Der Fachmann im Patentrecht (GRUR 2021, 310) 312–313.
[34] BGH GRUR 1995, 330 – Elektrische Steckverbindung; GRUR 2004, 1023 – Bodenseitige Vereinzelungseinrichtung; GRUR 2006, 663 – Vorausbezahlte Telefongespräche; BeckRS 2005, 12061 – Falttüreinheit; GRUR 2018, 390 – Wärmeenergieverwaltung.
[35] BeckOK PatR/Fitzner/Metzger, 29. Ed. 15.4.2023, PatG § 3 Rn. 8.
[36] BGH BlPMZ 1991, 159 – Haftverband; GRUR 2009, 929 – Schleifkorn; GRUR 2004, 272 – Diabehältnis.

auf dem die Erfindung liegt.[37] Der Fachmann ist daher kein Experte zum Verständnis der Erfindung, sondern ein Fachmann des betreffenden technischen Gebiets.[38]

Der patentrechtliche Fachmann kann in einem Team von Experten eingebunden sein, falls es sich bei der Erfindung um einen Gegenstand handelt, der mehrere unterschiedliche technische Gebiete betrifft. Der Fachmann kann in diesem Fall von den Mitgliedern des Teams technischen Rat einholen.[39]

Das Fachwissen des patentrechtlichen Fachmanns umfasst das Allgemeinwissen und das übliche Wissen über das technische Gebiet der Erfindung.[40] Außerdem ist dem Fachwissen desjenige zuzurechnen, das sich der Fachmann durch seine Ausbildung bzw. sein Studium erarbeitet hat. Der Fachmann hat sich außerdem durch seine berufliche Tätigkeit auf dem technischen Gebiet ein Expertenwissen angeeignet. Der Fachmann hat daher ein erlerntes Wissen und ein Erfahrungswissen.[41] Das erlernte Wissen ergibt sich insbesondere aus Lehrbüchern, Nachschlagewerken und Fachzeitschriften.[42]

Der Fachmann liest eine technische Lehre mit seinem Fachwissen und erkennt dabei einiges, was der Nicht-Fachmann nicht verstehen würde. Dem Fachmann wird ein „Mitlesen" von beispielsweise „fachnotorisch austauschbaren Mitteln" unterstellt. Beispielsweise erkennt der Fachmann, dass ein Magnetfeld durch elektrische Spulen erzeugt werden kann.[43] Außerdem sind dem Fachmann standardmäßig auszuführende Experimente, die zum Verständnis einer technischen Lehre führen, zuzutrauen.[44]

Dem Fachmann werden grundlegende Kenntnisse aus benachbarten technischen Gebieten zugerechnet.[45] Allerdings weist der Fachmann keine Detailkenntnisse auf den benachbarten technischen Gebieten auf.[46]

---

[37] Benkard PatG/Asendorf/Schmidt/Tochtermann, 12. Aufl. 2023, PatG § 4 Rn. 64; BGH GRUR 1959, 532 (536 f.) – Elektromagnetische Rührvorrichtung; BGH Liedl 1974/1977, 69 (78) – Schießscheibe; BGH BeckRS 2009, 23384 Rn. 31 = BeckRS 2009, 23384.

[38] BGH GRUR 2018, 390 – Wärmeenergieverwaltung; GRUR 2010, 602 – Gelenkanordnung; GRUR 2016, 921 – Pemetrexed.

[39] BGH GRUR 2007, 404 oder BGHZ 170, 215 – Carvediol II; BGH GRUR 2010, 123 – Escitalopram; EPA Az. T 460/87 – Soluble Polyglycols/Viscosud; EPat 99/89 – Schaltungsanordnung zur optischen Anzeige von Zustandsgrößen/Robert Boschmann GmbH.

[40] Benkard PatG/Asendorf/Schmidt/Tochtermann, 12. Aufl. 2023, PatG § 4 Rn. 69.

[41] Ann, § 17. Neuheit Ann, Patentrecht, 8. Auflage 2022, Rn. 29.

[42] BGH GRUR 1998, 895 (897) – Regenbecken; BPatGE 34, 264.

[43] Dreiss: Der Durchschnittsfachmann als Maßstab für ausreichende Offenbarung, Patentfähigkeit und Patentauslegung (GRUR 1994, 781) 784–785.

[44] Benkard PatG/Asendorf/Schmidt/Tochtermann, 12. Aufl. 2023, PatG § 4 Rn. 72; BGH GRUR-RS 2019, 39560 Rn. 121; BGH BeckRS 2016, 15771 Rn. 40; GRUR 2006, 666 Rn. 56 – Stretchfolienhaube; BGH BlPMZ 1966, 234 (235) – Abtastverfahren.

[45] BGH GRUR 1997, 272 (273) – Schwenkhebelverschluss; BGH BeckRS 2008, 2725 Rn. 23.

[46] EPA ABl. 1997, 24; Benkard PatG/Asendorf/Schmidt/Tochtermann, 12. Aufl. 2023, PatG § 4 Rn. 71.

Das Fachwissen ist nicht nur das präsente Wissen eines Durchschnittsfachmann, sondern das weltweit verfügbare Fachwissen des technischen Gebiets der Erfindung.[47]

Durch das Fachkönnen ist der Fachmann zu kreativer Leistung in der Lage. Der Fachmann kann durch eigene Überlegungen und begrenzte Versuche, sich einen technischen Gegenstand erschließen. Allerdings ist der Fachmann nicht zu einer erfinderischen Tätigkeit gemäß dem Patentgesetz in der Lage.[48]

1.14 Neuheit

Im Patentrecht gilt ein absoluter Neuheitsbegriff.[49] Es ist daher der komplette Stand der Technik, der vor dem Anmelde- bzw. Prioritätstag der Öffentlichkeit zur Verfügung stand, zur Beurteilung der Neuheit und der erfinderischen Tätigkeit zu berücksichtigen.[50] Der Stand der Technik umfasst sämtliche Veröffentlichungen und öffentliche Benutzungen.[51] Der individuelle Kenntnisstand des Erfinders ist nicht relevant bei der Bewertung der Neuheit und der erfinderischen Tätigkeit.

Die patentrechtliche Neuheit ist daher kein subjektives Kriterium.[52]

Die Neuheitsprüfung erfolgt als Einzelvergleich, bei dem die Erfindung mit jedem Dokument des Stands der Technik in einem direkten Vergleich einzeln verglichen wird. Können einem Dokument sämtliche Merkmale eines Anspruchs entnommen werden, trifft das Dokument den Anspruch neuheitsschädlich. Die Erfindung und der Stand der Technik ist dabei aus der Sicht des Fachmanns zu verstehen.[53]

Ein Dokument des Stands der Technik versteht der Fachmann mit seinem Fachwissen, sodass der Fachmann einem Dokument mehr oder sogar geringfügig etwas anderes entnehmen kann, als in diesem wortwörtlich zu finden ist.[54] Außerdem wird der Fachmann

---

[47] BeckOK PatR/Einsele, 29. Ed. 15.7.2023, PatG § 4 Rn. 36.
[48] Dreiss: Der Durchschnittsfachmann als Maßstab für ausreichende Offenbarung, Patentfähigkeit und Patentauslegung (GRUR 1994, 781) 783.
[49] Osterrieth, Teil 4. Gegenstand, Voraussetzungen und Wirkung des Patentschutzes, Osterrieth, Patentrecht, 6. Auflage 2021, Rn. 471.
[50] § 3 Absatz 1 Patentgesetz.
[51] Osterrieth, Teil 4. Gegenstand, Voraussetzungen und Wirkung des Patentschutzes, Osterrieth, Patentrecht, 6. Auflage 2021, Rn. 464.
[52] Osterrieth, Teil 4. Gegenstand, Voraussetzungen und Wirkung des Patentschutzes, Osterrieth, Patentrecht, 6. Auflage 2021, Rn. 470.
[53] BGH GRUR 1995, 330 – Elektrische Steckverbindung.
[54] BGH GRUR 1985, 330 (332) – elektrische Steckverbindung; BGH GRUR 2009, 382 – Olanzapin; BGH GRUR 2013, 809 – Verschlüsselungsverfahren.

die technische Lehre eines Dokuments einer Analyse mit vertretbarem Aufwand unterwerfen.[55] Allerdings sollte nicht zu viel in ein Dokument hineininterpretiert werden.[56]

Mangelnde Neuheit liegt vor, falls sämtliche Merkmale eines Anspruchs aus einem einzelnen Dokument des Stands der Technik zu entnehmen sind.[57] Ergibt sich ein Merkmal zwangsläufig aus der Nachbearbeitung der Erfindung, so gilt es als aus dem Stand der Technik offenbart.[58]

Anmeldungen Dritter, die zwar erst nach dem Anmelde- oder Prioritätstag der zu prüfenden Patentanmeldung bzw. des Patents veröffentlicht wurden, die aber bereits vor dem Anmelde- oder Prioritätstag beim Patentamt eingereicht wurden, gehören dem Stand der Technik an und sind bei der Neuheitsprüfung zu berücksichtigen.[59] Hierdurch wird eine Doppelpatentierung verhindert.

1.15 Erfinderische Tätigkeit

Die Beurteilung der erfinderischen Tätigkeit ist im Vergleich zur Neuheitsprüfung deutlich schwieriger. Bei der Prüfung auf erfinderische Tätigkeit ist nicht nur zu prüfen, ob es Dokumente gibt, die in einer Gesamtschau den Gegenstand der Patentanmeldung ergeben. Zusätzlich ist zu bewerten, ob der Fachmann die technischen Lehren der betreffenden Dokumente für kombinierbar ansehen würde. Es ist daher teilweise schwer vorherzusagen, wie ein Prüfer beim Patentamt, ein Richter beim Bundespatentgericht oder ein Prüfer beim beim Europäischen Patentamt die erfinderische Tätigkeit eines Anspruchs bewerten wird.[60]

Der patentrechtliche Fachmann ist typischerweise derjenige, den man mit Entwicklungstätigkeiten betrauen würde.[61] Der Fachmann ist jedoch kein Wissenschaftler[62],

---

[55] BGHZ 76, 97 (103) – Terephthalsäure; EPA GRUR Int. 1993, 698 – „Öffentliche Zugänglichkeit".

[56] Osterrieth, Teil 4. Gegenstand, Voraussetzungen und Wirkung des Patentschutzes, Osterrieth, Patentrecht, 6. Auflage 2021, Rn. 477; EPA T167/84, ABl. 1987, 369 – Einspritzventil.

[57] Osterrieth, Teil 4. Gegenstand, Voraussetzungen und Wirkung des Patentschutzes, Osterrieth, Patentrecht, 6. Auflage 2021, Rn. 482.

[58] BGH 17.1.1980, BGHZ 76, 97 (104 ff.) – Terepthalsäure; EPA 12.2.1998, ABl. 1998, 489 Rn. 11.1 – Erythro-Verbindungen/Novartis.

[59] § 3 Absatz 2 Patentgesetz; Ann, § 17. Neuheit Ann, Patentrecht, 8. Auflage 2022, Rn. 4.

[60] Dreiss: Der Durchschnittsfachmann als Maßstab für ausreichende Offenbarung, Patentfähigkeit und Patentauslegung (GRUR 1994, 781) 785.

[61] Osterrieth GRUR 2021, 310 (311); BGH GRUR 1962, 290 – Brieftauben-Reisekabine II; GRUR 1965, 138 – Polymerisationsbeschleuniger; GRUR 1965, 473 – Dauerwellen I; Mitt. 2003, 116 – Rührwerk; BGH 8.1.2008 – X ZR 110/04 – Energiezuführungskette; BGH BeckRS 2008, 02725 – Schleifwerkzeug für Dentalzwecke; BGH BeckRS 2009, 23384 – Widerstandsschweißvorrichtung; GRUR 2009, 1039 – Fischbissanzeiger; GRUR 2005, 1023 – Einkaufswagen II; GRUR 2011, 1109 – Reifenabdichtmittel; GRUR 2010, 513 – Hubgliedertor II.

[62] RG Mitt. 1933, 156 – Spannungseisen; BlPMZ 1934, 32 – Phönix-Stähle II; GRUR 1942, 544 – Elektronenröhre; BGH GRUR 1978, 98 – Schaltungsanordnung; BlPMZ 1991, 159 – Haftverband.

1.15 Erfinderische Tätigkeit

sondern ein praxisorientierter Techniker.[63] Der patentrechtliche Fachmann ist nicht zu einer erfinderischen Tätigkeit nach § 4 Satz 1 Patentgesetz in der Lage, sodass sämtliche Vorrichtungen und Verfahren, die der Fachmann aus dem Stand der Technik entwickeln kann, per Definition nicht erfinderisch gemäß Patentrecht sind. Routinemäßige Weiterentwicklungen des Stands der Technik durch den patentrechtlichen Fachmann können daher keine erfinderische Tätigkeit begründen.[64]

Alle Vorrichtungen und Verfahren, die über das Wissen und Können des Fachmanns auf Basis des Stands der Technik hinausragen, basieren auf einer erfinderischen Tätigkeit.[65] Die Entscheidung, was patentfähig ist und was zu nahe am Stand der Technik liegt, ist daher aus der Sicht des Fachmanns zu fällen.[66]

Bei der Prüfung der erfinderischen Tätigkeit wird der Fachmann zunächst das Dokument des nächstliegenden Stands der Technik bestimmen, um von diesem Dokument ausgehend, mittels weiterer Dokumente des Stands der Technik zur Erfindung zu gelangen.[67]

Allerdings ist zu beachten, dass allein weil eine Kombination mehrerer Dokumente bereits die Merkmale einer Erfindung offenbart, diese Erfindung nicht naheliegend sein muss. Vielmehr muss der Fachmann zusätzlich Hinweise oder Anregungen gehabt haben, gerade diese Dokumente zu kombinieren.[68]

Diese zusätzliche Abwägung wird beim Europäischen Patentamt als Could-Would-Test bezeichnet und soll verhindern, dass eine Erfindung nachträglich naheliegend erscheint, obwohl sie zum Zeitpunkt der Schaffung der Erfindung eine erfinderische Tätigkeit erforderte.[69]

Der Fachmann ist die zentrale Figur bei der Frage der erfinderischen Tätigkeit, denn seine Sicht entscheidet, wie ein Anspruch auszulegen ist, welche Dokumente der Fachmann heranziehen würde und was er ihnen entnimmt. Außerdem entscheidet der Fachmann, welche Dokumente kombinierbar sind und daher zu welcher technischen Lehre führen.[70]

---

[63] BeckOK PatR/Einsele, 29. Ed. 15.7.2023, PatG § 4 Rn. 36.
[64] Benkard PatG/Asendorf/Schmidt/Tochtermann, 12. Aufl. 2023, PatG § 4 Rn. 63.
[65] Klett: Die durchschnittlich aufmerksame Verbraucherin und der durchschnittlich gut ausgebildete Fachmann, GRUR 2001, 549.
[66] Klett: Die durchschnittlich aufmerksame Verbraucherin und der durchschnittlich gut ausgebildete Fachmann(GRUR 2001, 549) 552.
[67] BGH GRUR 2018, 716 – Kinderbett; GRUR 2009, 746 (748) – Betrieb einer Sicherheitseinrichtung; GRUR 2010, 407 (409) – einteilige Öse.
[68] BGH GRUR 2009, 746 – Betrieb einer Sicherheitseinrichtung; GRUR 2010, 407 – Einteilige Öse.
[69] Benkard PatG/Asendorf/Schmidt/Tochtermann, 12. Aufl. 2023, PatG § 4 Rn. 86.
[70] Benkard PatG/Asendorf/Schmidt/Tochtermann, 12. Aufl. 2023, PatG § 4 Rn. 34.

1.16 Gewerbliche Anwendbarkeit

Das Kriterium der gewerblichen Anwendbarkeit ist von untergeordneter Bedeutung, denn nur eine Vorrichtung, für die keinerlei gewerbliche Anwendung denkbar ist, verletzt diese Patentierungsvoraussetzung.

1.17 Unzulässige Erweiterung

Eine unzulässige Erweiterung liegt vor, wenn durch nachträgliche Änderungen der Anmeldung der Inhalt der Patentanmeldung oder des Patents über den Gegenstand hinausgeht, der ursprünglich beim Patentamt eingereicht wurde. Dies kann sich beispielsweise bei der Neuformulierung des Anspruchssatzes ergeben.[71]

1.18 Ausführbarkeit

Die Erfindung muss in der Patentanmeldung in einer Weise beschrieben sein, dass sie vom Fachmann ausgeführt werden kann.[72] Dem Fachmann sind im eingeschränkten Umfang eigene Experimente zuzumuten, um die Ausführbarkeit herzustellen.

1.19 Erlaubte Benutzungen eines Patents

Es gibt Benutzungen eines Patents, die nicht durch ein Patent oder ein rechtsbeständiges Gebrauchsmuster verboten werden können. Insbesondere eine private Benutzung kann durch ein Patent nicht verhindert werden.[73] Experimente, um eine patentierte Erfindung zu untersuchen können ebenfalls nicht durch ein Patent untersagt werden.

1.20 Einwendungen Dritter

Bei „Einwendungen Dritter" werden dem Patentamt Dokumente des Stands der Technik übermittelt, die die Patentfähigkeit eines Schutzrechtsbegehrens infrage stellen.[74] Hierdurch strebt der Dritte eine Verhinderung der Patenterteilung an. Der Dritte wird nicht Beteiligter im Erteilungsverfahren.

---

[71] § 21 Absatz 1 Nr. 4 Patentgesetz.
[72] § 34 Absatz 4 Patentgesetz.
[73] § 11 Nr. 1 Patentgesetz.
[74] § 43 Absatz 3 Satz 2 Patentgesetz bzw. Regel 114 Absatz 1 EPÜ.

1.21 Deutsches Patent- und Markenamt (DPMA)

Das DPMA wurde am 1. Juli 1877 in Berlin als „Kaiserliches Patentamt" gegründet. Nach dem Ende der Monarchie erfolgte eine Umbenennung in „Reichspatentamt" und nach dem Zweiten Weltkrieg wurde das Patentamt als „Deutsches Patentamt" in München fortgeführt. 1998 erfolgte die heutige Benennung des Patentamts als „Deutsches Patent- und Markenamt".[75]

Das DPMA ist in Deutschland für die Erteilung bzw. Eintragung von Patenten, Marken, Gebrauchsmustern und Designrechten zuständig. Neben dem Hauptsitz in München hat das DPMA Dienststellen in Jena und Berlin.[76]

1.22 Europäisches Patentamt (EPA)

Das Europäische Patentamt gehört neben einem Verwaltungsrat der Europäischen Patentorganisation an.[77] Der Verwaltungsrat ist die Überwachungsinstanz des Europäischen Patentamts. Der Verwaltungsrat setzt sich aus Vertretern der Mitgliedsstaaten des Europäischen Patentübereinkommens zusammen. Zumeist sind die Vertreter die Direktoren der Patentämter des jeweiligen Mitgliedsstaates.[78] Das Europäische Patentamt ist das ausführende Organ der Europäischen Patentorganisation und ermöglicht ein einheitliches Patenterteilungsverfahren für die Mitgliedsstaaten des Europäischen Patentübereinkommens (EPÜ).

1.23 Bundespatentgericht (BPatG)

Das Bundespatentgericht ist ein Bundesgericht mit Sitz in München.[79] Das Bundespatentgericht ist zuständig für Verletzungsverfahren, Beschwerden und Nichtigkeitsverfahren, deren Streitgegenstand gewerbliche Schutzrechte, also insbesondere Patente, Marken und Designrechte, betrifft. Das Bundespatentgericht ist die gerichtliche Instanz darüber, ob ein

---

[75] Wikipedia, https://de.wikipedia.org/wiki/Deutsches_Patent-_und_Markenamt, abgerufen am 26.2.2025.
[76] DPMA, https://www.dpma.de/dpma/wir_ueber_uns/index.html, abgerufen am 26.2.2025.
[77] Wikipedia, https://de.wikipedia.org/wiki/Europ%C3%A4ische_Patentorganisation, abgerufen am 26.2.2025.
[78] Wikipedia, https://de.wikipedia.org/wiki/Europ%C3%A4ische_Patentorganisation#Verwaltungsrat, abgerufen am 26.2.2025.
[79] Bundespatentgericht, Cincinnatistraße 64, 81549 München.

Patent, eine Marke, ein Gebrauchsmuster, eine Topographie, ein Design oder ein Sortenschutzrecht gewährt wird bzw. ob das Schutzrecht zu löschen bzw. zu widerrufen ist.[80]

Das Bundespatentgericht besteht aktuell aus 23 Senaten, mit einem Juristischen Beschwerdesenat, 7 Nichtigkeitssenaten, 8 Technischen Beschwerdesenaten, 4 Marken-Beschwerdesenaten, einem Marken- und Design-Beschwerdesenat, einem Gebrauchsmuster-Beschwerdesenat und einem Beschwerdesenat für Sortenschutzsachen.[81]

Die Nichtigkeitssenate befassen sich mit Klagen auf Nichtigkeit von Patenten und die Technischen Beschwerdesenate verhandeln Beschwerden gegen die Entscheidungen des Patentamts bezüglich Patenten bzw. Patentanmeldungen. Beispielsweise werden Beschwerden wegen der Zurückweisung von Patentanmeldungen oder Beschwerden gegen die Entscheidung von Einsprüchen des deutschen Patentamts vor den Technischen Beschwerdesenaten verhandelt.

Eine Besonderheit des Bundespatentgerichts stellen die technischen Richter dar, die keine juristische Ausbildung, sondern eine technisch-naturwissenschaftliche Vorbildung aufweisen. Die technischen Richter wirken bei allen Verfahren vor dem Bundespatentgericht mit, bei denen es sich um technische Erfindungen dreht, also insbesondere bei Verfahren über die Patenterteilung, bei Nichtigkeitsverfahren und bei Gebrauchsmusterlöschungsverfahren.[82]

Patentverletzungsverfahren werden nicht vor dem Bundespatentgericht verhandelt, sondern von bestimmten Land- und Oberlandesgerichten, die Patentstreitkammern eingerichtet haben.

1.24 Bundesgerichtshof (BGH)

Die Aufgabe des Bundesgerichtshofs ist es insbesondere für eine einheitliche Rechtsprechung zu sorgen und eine richterliche Rechtsfortbildung sicherzustellen. Die Rechtsauffassung des Bundesgerichtshofs wird in aller Regel von den Gerichten in Deutschland bei deren Entscheidungen berücksichtigt.[83]

Der Bundesgerichtshof hat aktuell 13 Zivilsenate, wobei für den gewerblichen Rechtsschutz der erste und der zehnte Senat (I. und X. Zivilsenat) zuständig sind. Der I.

---

[80] Bundespatentgericht, https://www.bundespatentgericht.de/DE/dasGericht/Aufgaben/aufgaben_node.html, abgerufen am 27.2.2025.

[81] Bundespatentgericht, https://www.bundespatentgericht.de/DE/dasGericht/Organisation/organisation_node.html, abgerufen am 27.2.2025.

[82] Bundespatentgericht, https://www.bundespatentgericht.de/DE/dasGericht/Organisation/organisation_node.html, abgerufen am 27.2.2025.

[83] Bundesgerichtshof, https://www.bundesgerichtshof.de/DE/DasGericht/Aufgaben/aufgaben_node.html;jsessionid=D068F148432085D210C19514061B1903.internet971, abgerufen am 27.2.2025.

Zivilsenat des Bundesgerichtshofs ist zuständig für Rechtsstreitigkeiten über das Designrecht, einschließlich Gemeinschaftsgeschmacksmusterrecht (EU-Designrechte) und Marken.[84]

Der X. Zivilsenat des Bundesgerichtshofs befasst sich mit Rechtsstreitigkeiten über das Patent- und Gebrauchsmusterrecht. Außerdem sind dem X. Zivilsenat Rechtsstreitigkeiten zum Arbeitnehmererfindungsrecht und Patentnichtigkeitssachen zugewiesen.[85]

1.25 European Union Intellectual Property Office (EUIPO)

Das European Union Intellectual Property Office (EUIPO) hat seinen Sitz in Alicante in Spanien und ist innerhalb der Europäischen Union für die Verwaltung der Unionsmarken und der eingetragenen Gemeinschaftsgeschmacksmuster zuständig.[86]

---

[84] Bundesgerichtshof, https://www.bundesgerichtshof.de/DE/DasGericht/Geschaeftsverteilung/Geschaeftsverteilungsplan2025/Zivilsenate2025/zivilsenate2025.html?nn=10937200#1, abgerufen am 27.2.2025.

[85] Bundesgerichtshof, https://www.bundesgerichtshof.de/DE/DasGericht/Geschaeftsverteilung/Geschaeftsverteilungsplan2025/Zivilsenate2025/zivilsenate2025.html?nn=10937200#10, abgerufen am 27.2.2025.

[86] EUIPO, https://www.euipo.europa.eu/de/about-us/the-office, abgerufen am 9.3.2025.

Patenterteilung 2

Inhaltsverzeichnis

2.1	Bedeutung des Patenterteilungsverfahrens	18
2.2	Zeitlicher Ablauf des Patenterteilungsverfahrens	18
2.3	Formale Prüfung	18
2.4	Erfindernennung	19
2.5	Inhaltliche Prüfung	20
2.6	Bescheidserwiderung wegen Neuheit und erfinderischer Tätigkeit	20
2.7	Bescheidserwiderung wegen Anpassung der Beschreibung	24
2.8	Beispiel 1: Stelzenhaus	25
2.9	Beispiel 2: Nagelbilder	30

Das Patenterteilungsverfahren dient der Suche nach einer Anspruchsformulierung, die den optimalen, das heißt größtmöglichen, Schutzumfang bietet. Der größtmögliche Schutzumfang ist vor dem Hintergrund des recherchierten Stands der Technik zu ermitteln. Kann keine Anspruchsformulierung gefunden werden, die den Patentierungskriterien genügt, wird die Patentanmeldung zurückgewiesen.[1]

In diesem Kapitel wird insbesondere das deutsche Erteilungsverfahren vorgestellt. Das europäische Patenterteilungsverfahrens ist dem deutschen sehr ähnlich. Wo sich gravierende Unterschiede ergeben, wird darauf besonders hingewiesen.

Das Patenterteilungsverfahren wird im deutschen Verfahren durch einen Antrag auf Prüfung gestartet.[2] Wird der Prüfungsantrag zusammen oder zumindest zeitnah mit der Einreichung der Anmeldeunterlagen gestellt, bemüht sich das Patentamt innerhalb der

---

[1] § 48 Patentgesetz.
[2] § 44 Absatz 1 Patentgesetz.

einjährigen Prioritätsfrist den ersten amtlichen Bescheid abzusetzen. Hierdurch wird es dem Anmelder ermöglicht, die Erfolgsaussichten abzuschätzen und fundiert zu entscheiden, ob Nachanmeldungen im Ausland sinnvoll sind.

Das Patenterteilungsverfahren dauert 3 bis 8 Jahre, wobei zwei bis drei amtliche Bescheide zu erwidern sind, bis erteilungsfähige Ansprüche vorliegen bzw. die Zurückweisung durch das Patentamt erfolgt. Eine Zurückweisung des Patentamts kann mit einer Beschwerde angefochten werden (siehe Kap. 5: Anmelderbeschwerde).

Der Prüfungsantrag muss innerhalb der ersten sieben Jahre nach Einreichung der Anmeldeunterlagen gestellt werden.[3] Der Antrag zur Prüfung ist nur wirksam gestellt, wenn eine Prüfungsgebühr entrichtet wird.[4] Ansonsten wird die Anmeldung zurückgewiesen. Beim europäischen Verfahren ist kein gesonderter Antrag nötig. Das Prüfungsverfahren beginnt automatisch.

2.1 Bedeutung des Patenterteilungsverfahrens

Die Abb. 2.1 zeigt den Eingang an Prüfungsanträgen für die Jahre 2000 bis 2023. In diesem Zeitraum nahm die Anzahl der Prüfungsanträge, die vom Deutschen Patent- und Markenamt zu bearbeiten waren, um ungefähr 18 % zu.

2.2 Zeitlicher Ablauf des Patenterteilungsverfahrens

Die Abb. 2.2 zeigt den zeitlichen Ablauf des Erteilungsverfahrens vor dem Patentamt von der Einreichung der Anmeldeunterlagen, die zur Zuweisung eines Anmeldetags führen[5], bis zur Patenterteilung bzw. Zurückweisung der Patentanmeldung.[6]

In der Abb. 2.2 ist dargestellt, dass in aller Regel zwei bis drei Amtsbescheide vom Anmelder zu beantworten sind.[7]

2.3 Formale Prüfung

Nach einer formalen Prüfung durch das Patentamt wird der Anmeldung ein Anmeldetag zugewiesen.[8] Voraussetzung zur Zuordnung eines Anmeldetags ist, dass die eingereichte Patentanmeldung den Namen des Anmelders, einen Antrag auf Erteilung eines Patents

---

[3] § 44 Absatz 2 Satz 1 Patentgesetz.
[4] § 44 Absatz 2 Satz 2 Patentgesetz.
[5] § 35 Absatz 1 Patentgesetz.
[6] § 42 Absatz 3 Satz 1 Patentgesetz.
[7] § 45 Absatz 1 Satz 1 Patentgesetz.
[8] § 35 Absatz 1 Patentgesetz.

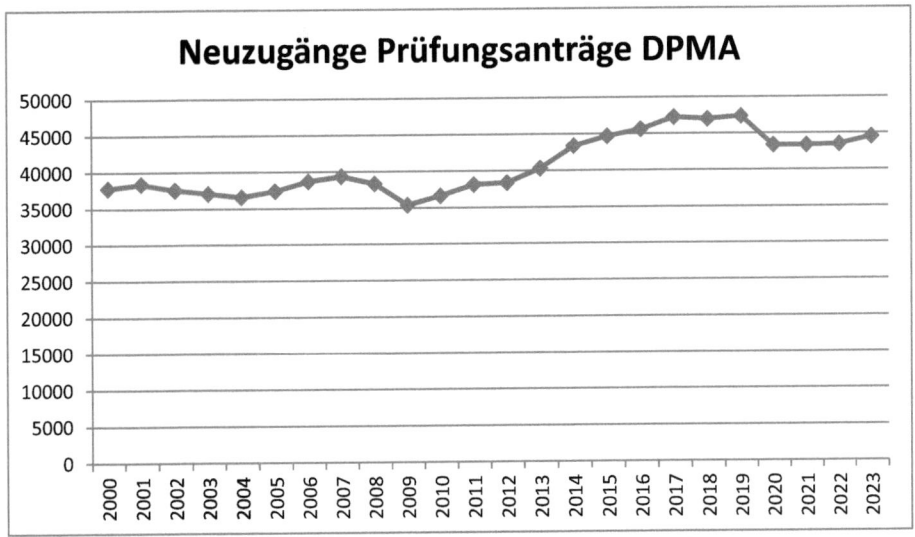

Abb. 2.1 Neuzugänge der Prüfungsanträge beim DPMA von 2000 bis 2023

und eine Beschreibung der Erfindung umfasst.[9] Es ist für einen Anmeldetag nicht erforderlich, dass die Anmeldung Patentansprüche und Zeichnungen aufweist, die die unterschiedlichen Ausführungsformen der Erfindung darstellen.[10]

2.4 Erfindernennung

Der Anmelder hat den Erfinder zu benennen. Hierzu wird ihm eine Frist von 15 Monaten ab Anmeldetag eingeräumt oder, falls eine Priorität in Anspruch genommen wurde, eine entsprechend verkürzte Frist angesetzt.[11]

Der Anmelder hat anzugeben, wie das Eigentum an der Erfindung an ihn übergegangen ist, falls er nicht der Erfinder ist.[12] Eine Eigentumsübergabe findet beispielsweise durch eine Inanspruchnahme einer Erfindung eines Arbeitnehmers auf Basis des Arbeitnehmererfindungsgesetzes durch dessen Arbeitgeber statt.[13]

---

[9] § 35 Absatz 1 i. V. m. § 34 Absatz 3 Nr. 1, 2 und 4 Patentgesetz.
[10] § 34 Absatz 3 Nr. 3 und 5 Patentgesetz.
[11] § 37 Absatz 1 Satz 1 Patentgesetz.
[12] § 37 Absatz 1 Satz 2 Patentgesetz.
[13] § 6 Absatz 1 Patentgesetz.

Der Erfinder ist auf der Offenlegungsschrift[14], auf der Patentschrift[15] und der Veröffentlichung der Erteilung des Patents[16] zu nennen.

2.5 Inhaltliche Prüfung

Die inhaltliche Prüfung umfasst insbesondere die Patentierungskriterien Neuheit, erfinderische Tätigkeit und Ausführbarkeit. Es ist darauf zu achten, dass die Ansprüche nicht im Laufe des Erteilungsverfahrens unzulässig erweitert werden.

2.6 Bescheidserwiderung wegen Neuheit und erfinderischer Tätigkeit

Eine Bescheidserwiderung stellt die Antwort auf einen amtlichen Bescheid in einem Patenterteilungsverfahren dar. In dem amtlichen Bescheid werden von dem Patentprüfer die Mängel aufgelistet, die einer Patenterteilung entgegenstehen. Innerhalb einer vom Prüfer gesetzten Frist, sind diese Mängel vom Anmelder zu beheben. Umfasst die Frist nur zwei Monate, sind nur noch formale Mängel zu beheben, um zu einer Patenterteilung zu gelangen. Setzt der Prüfer eine Frist von vier Monaten, kann davon ausgegangen werden, dass der Prüfer noch keine baldige Patenterteilung sieht, da noch wesentliche Punkte zu klären sind. Beispielsweise werden in diesem Fall noch keine erteilungsfähigen Ansprüche vorliegen, die neu und erfinderisch sind.

Liegen erteilungsfähige Ansprüche vor, ist in aller Regel noch die Beschreibung an die neuen Ansprüche anzupassen und der recherchierte Stand der Technik im einleitenden Teil der Beschreibung zu „würdigen". Als Würdigung genügt die kurze Erwähnung des Dokuments mit seinem amtlichen Aktenzeichen und eine Beschreibung des Gegenstands des Dokuments in einem Satz.

In der Bescheidserwiderung sollte zunächst beschrieben werden, welche Unterlagen neu eingereicht werden und welche bisherigen Unterlagen dadurch ersetzt werden.

Beispielsweise könnte beschrieben werden:

Neue Unterlagen
  Es werden neue Ansprüche 1 bis 10 eingereicht, die den ursprünglichen Anspruchssatz ersetzen.

---

[14] § 32 Absatz 2 Patentgesetz.
[15] § 32 Absatz 3 Patentgesetz.
[16] § 58 Absatz 1 Patentgesetz.

und/oder:

Neue Unterlagen
Es werden neue Beschreibungsseiten eingereicht, die die bisherige Beschreibung ersetzen.

Sind Beschreibungsseiten zu ändern, ist es sinnvoll einen kompletten neuen Satz Beschreibungsseiten einzureichen, statt nur die geänderten. Damit erspart man dem Prüfer eine aufwendige und fehlerträchtige Sortierung der neuen Beschreibungsseiten in den bisherigen Beschreibungssatz.

Werden Ansprüche abgeändert, ist anzugeben, wie sich die neuen Ansprüche aus den bisherigen Ansprüchen und der Beschreibung ergeben. Beispielsweise könnte ein Punkt der Bescheidserwiderung lauten:

Offenbarung der Ansprüche
Die Gegenstände der neuen Ansprüche sind an den folgenden Stellen der ursprünglichen Unterlagen offenbart:
Der neue Anspruch 1 umfasst die Merkmale:

- *ursprünglicher Anspruch 1*
- *ursprünglicher Anspruch 5*
- *ursprünglicher Anspruch 6*

Der neue Anspruch 2 umfasst die Merkmale:

- *ursprünglicher Anspruch 2*
- *ursprünglicher Anspruch 5*
- *Das Merkmal „die Turbine ist direkt an der Vorrichtung angeordnet" kann der Seite 2 erster Absatz der ursprünglich eingereichten Anmeldeunterlagen entnommen werden.*

Die weiteren Ansprüche des neuen Anspruchssatzes entsprechen dem bisherigen Anspruchssatz.
Somit gehen die Gegenstände der neuen Ansprüche nicht über den Gegenstand der ursprünglichen Anmeldeunterlagen hinaus.

Wurde in dem amtlichen Bescheid fehlende Neuheit des bisherigen Hauptanspruchs bemängelt, sind gegenüber jedem Dokument des Stands der Technik, das die Neuheit infrage stellt, die Merkmale des neuen Hauptanspruchs zu nennen, die in dem Dokument des Stands der Technik nicht enthalten sind, um Neuheit zu belegen.

Typischerweise werden einem nicht erteilungsfähigen Hauptanspruch aus Unteransprüchen oder der Beschreibung Merkmale hinzugefügt, sodass der Hauptanspruch neu und erfinderisch wird.

Bei der Neuheitsprüfung sollte vorab kurz erläutert werden, was der Gegenstand des Dokuments des Stands der Technik ist. Außerdem ist es vorteilhaft, mit einer Zeichnung des Dokuments zu zeigen, was nicht so verwirklicht wird, wie bei dem neuen Hauptanspruch. Hierzu kann zusätzlich eine Zeichnung der eigenen Patentanmeldung als Vergleich genutzt werden. Die Zeichnungen sollten an den jeweiligen Stellen in der

Bescheidserwiderung eingefügt werden, um dem Prüfer ein Suchen der Zeichnungen zu ersparen.

Beispielsweise könnte der Abschnitt zur Neuheit folgendermaßen gestaltet sein:

Neuheit des Anspruchs 1:
Die D1 (US...) beschreibt eine Vorrichtung zum Fräsen von ... . Das Dokument D2 (DE...) zeigt eine Vorrichtung zum Verleimen von Spanplattenelementen, wobei .... Keines der Dokumente beschreibt eine ... .

Daher ist der Gegenstand des Anspruchs 1 neu und daraus folgend auch die Gegenstände der abhängigen Ansprüche 2 bis 10.

Die erfinderische Tätigkeit ist in mehreren Schritten abzuhandeln, wobei man sich nach dem Aufgabe-Lösungs-Ansatz (Problem–Solution-Approach), der vom Europäischen Patentamt entwickelt wurde, richten kann.

Der Aufgabe-Lösungs-Ansatz wird in drei Schritten abgearbeitet. Im ersten Schritt wird der nächstliegende Stand der Technik bestimmt. Das ist insbesondere dasjenige Dokument des Stands der Technik, das die meisten Merkmale mit der zu prüfenden Erfindung aufweist und daher der beste Ausgangspunkt ist, um zur Erfindung zu gelangen.[17]

Im nächsten Schritt wird die objektive technische Aufgabe bestimmt, die zu lösen ist, um vom nächstliegenden Stand der Technik zur Erfindung zu gelangen. Hierzu werden zunächst die Merkmale bestimmt, die Teil der Erfindung sind, aber nicht im nächstliegenden Stand der Technik enthalten sind.[18] Die objektive technische Aufgabe ist daher das Erzielen des Effekts, der sich durch die Unterscheidungsmerkmale einstellt.

Können keine Dokumente des Stands der Technik gefunden werden, die mit dem nächstliegenden Stand der Technik zur Erfindung führen, ist die Erfindung erfinderisch. Können Dokumente gefunden werden, die in Kombination mit dem nächstliegenden Stand der Technik die Erfindung ergeben, ist noch zu prüfen, ob der Fachmann diese Dokumente auch in Betracht gezogen hätte, um zur Erfindung zu gelangen. Nur wenn der Fachmann Anregungen und Hinweise gehabt hätte, die entsprechenden Dokumente zu kombinieren, ist die Erfindung tatsächlich nicht erfinderisch. Das Europäische Patentamt bezeichnet diese Bewertung als „Could-Would-Test", also ob der Fachmann nicht nur die Dokumente kombinieren könnte (could), sondern die Dokumente auch kombinieren würde (would).[19]

Die erfinderische Tätigkeit könnte folgendermaßen in einer Bescheidserwiderung begründet werden:

---

[17] Europäisches Patentamt, https://www.epo.org/de/legal/guidelines-epc/2024/g_vii_5_1.html, abgerufen am 4.3.2025.

[18] Europäisches Patentamt, https://www.epo.org/de/legal/guidelines-epc/2024/g_vii_5_2.html, abgerufen am 4.3.2025.

[19] Europäisches Patentamt, https://www.epo.org/de/legal/guidelines-epc/2024/g_vii_5_3.html, abgerufen am 4.3.2025.

Erfinderische Tätigkeit des Anspruchs 1
Das Dokument D1 stellt den nächstliegenden Stand der Technik dar, da die D1 eine Vorrichtung zum ... beschreibt.

Im ersten Schritt wird der nächstliegende Stand der Technik benannt und es wird begründet, warum dieses Dokument nächstliegend ist. Eine Begründung kann sein, dass die Patentanmeldung und der nächstliegende Stand der Technik dieselbe Aufgabe verfolgen und demselben technischen Gebiet zuzurechnen sind. Alternativ können die gemeinsamen Merkmale aufgezählt und dadurch verdeutlicht werden, dass der nächstliegende Stand der Technik und die Erfindung technisch benachbart sind und der nächstliegende Stand der Technik daher das aussichtsreichste Dokument ist, um zur Erfindung zu gelangen.

Die D1 beschreibt nicht, dass ... .

Im zweiten Schritt werden die sogenannten „Unterscheidungsmerkmale" benannt. Es handelt sich dabei um diejenigen Merkmale der Erfindung, die nicht im nächstliegenden Stand der Technik enthalten sind.

Hierdurch kann eine Vorrichtung zur Verfügung gestellt werden, die effizient und schnell ... .

Im dritten Schritt wird erläutert, welche Effekte sich durch die Unterscheidungsmerkmale einstellen.

Objektive technische Aufgabe ist daher, eine Vorrichtung zur Verfügung zu stellen, die ... .

Im vierten Schritt wird die objektive technische Aufgabe beschrieben, deren Lösung vom nächstliegenden Stand der Technik zur Erfindung führt. Diese Aufgabe besteht gerade darin, den Effekt zu erzielen, den die Unterscheidungsmerkmale verursachen.

Der Gegenstand des Anspruchs 1 ist nicht naheliegend gegenüber der D1 oder der D2 bzw. gegenüber der D1 in Verbindung mit Fachwissen bzw. gegenüber der D2 und Fachwissen bzw. gegenüber einer Kombination der D1 mit der D2 mit oder ohne Fachwissen, da in keinem der Dokumente eine derartige Aufgabe verfolgt wird und daher auch keine Hinweise zu entnehmen sind, dass durch die Merkmale, dass ... diese Aufgabe gelöst werden kann.

Im fünften Schritt ist zu verdeutlichen, dass die möglichen Kombinationen des Stands der Technik mit dem nächstliegenden Stand der Technik nicht zur Erfindung führen, insbesondere da der Fachmann die Dokumente nicht kombinieren würde und/oder da trotz Kombination der Dokumente der Fachmann noch erfinderisch sein müsste, um zur Erfindung zu gelangen.

Daher beruht der Gegenstand des neuen Anspruchs 1 auf erfinderischer Tätigkeit und daraus folgend auch die Gegenstände der abhängigen Ansprüche 2 bis 10.

In einem Schlusssatz kann festgestellt werden, dass die vom Anspruch 1 abhängigen Ansprüche durch die erfinderische Tätigkeit des Anspruchs 1 ebenfalls erfinderisch werden.

Diese Schritte sind für sämtliche unabhängigen Ansprüche durchzuführen. Die Bescheidserwiderung enthält Anträge, die das Schutzbegehren verdeutlichen:

Anträge
Es wird daher die Erteilung eines Patents auf der Grundlage der neuen Patentansprüche 1 bis 10 beantragt.

Falls jedoch das neue Patentbegehren nicht als gewährbar erachtet werden sollte und eine Zurückweisung der Anmeldung erwogen wird, wird hilfsweise mündliche Verhandlung beantragt.

Die Überarbeitung und Anpassung der Beschreibung wird vorgenommen, sobald gewährbare Ansprüche vorliegen.

Die Bescheidserwiderung ist zu unterschreiben. Der Bescheidserwiderung sollte der Anspruchssatz bzw. die Beschreibungsseiten, falls diese geändert wurden, in zweifacher Ausführung als Anhang beigefügt werden. Zum einen sollten die neuen Unterlagen in Reinschrift und außerdem in einer korrigierten Fassung, bei der die Änderungen in einer anderen Farbe und/oder unterstrichen kenntlich gemacht sind, übermittelt werden.

Anlagen:
Neuer Anspruchssatz
  (Reinschrift und Änderungsinformationsexemplar)

2.7 Bescheidserwiderung wegen Anpassung der Beschreibung

Liegen in dem Patentprüfungsverfahren bereits erteilungsfähige Ansprüche vor, ist nur noch die Beschreibung an die geänderten Ansprüche anzupassen. Hierbei ist insbesondere der vom Patentamt recherchierte Stand der Technik in der Patentanmeldung zu erwähnen (Fachsprache: „würdigen"). Außerdem ist im einleitenden Teil der Beschreibung die Aufgabenstellung an die neuen Ansprüche anzupassen und die neuen Ansprüche in die Beschreibung aufzunehmen.

Beispiel:

Auf die Mitteilung vom 3. Juli 20xx:

Neue Dokumente
Es werden neue Ansprüche 1 bis 6 eingereicht, die den aktuellen Anspruchssatz ersetzen. Der Anspruchssatz wurde mit Bezugszeichen versehen und in die zweiteilige Form gebracht.

Außerdem werden neue Beschreibungsseiten eingereicht, die die bisherige Beschreibung ersetzen. In der neuen Beschreibung wurde der Stand der Technik in gewohnter Weise gewürdigt und die Aufgabenstellung und die Stütze der Ansprüche wurde an den neuen Anspruchssatz angepasst.

Antrag
Die Erteilung eines Patents wird daher auf der Grundlage der neuen Patentansprüche 1 bis 6 beantragt. (Bescheidserwiderungen sind mit einer Unterschrift zu versehen)

Anlagen:
Neuer Anspruchssatz
(Reinschrift und Änderungsinformationsexemplar)

2.8 Beispiel 1: Stelzenhaus

Es werden zwei reale Beispiele für Bescheidserwiderungen vorgestellt, bei denen insbesondere fehlende Neuheit und mangelnde erfinderische Tätigkeit diskutiert werden.

Das erste Beispiel beschäftigt sich mit einem Stelzenhaus, also einem durch Stahl-, Holz- oder Betonträger hochgestellten „Haus".[20]

„Europäische Patentanmeldung Nr. 17 180 716.7
„Stelzenhaus"
Auf die Mitteilung vom 22. Januar 2018:

Neue Unterlagen

Es werden neue Ansprüche 1 bis 9 eingereicht, die den ursprünglichen Anspruchssatz ersetzen.

Offenbarung der Ansprüche

Die Gegenstände der neuen Ansprüche sind an den folgenden Stellen der ursprünglichen Unterlagen offenbart:
Anspruch 1:
- *ursprünglicher Anspruch 1*
- *ursprünglicher Anspruch 2*
- *Das Merkmal des Stelzenhauses als Konferenzraum ist beispielsweise auf der Seite 4 zweiter Absatz der ursprünglichen Beschreibungsunterlagen offenbart.*

Die weiteren Ansprüche des neuen Anspruchssatzes entsprechen dem bisherigen Anspruchssatz.
Somit gehen die Gegenstände der neuen Ansprüche nicht über den Gegenstand der ursprünglichen Anmeldeunterlagen hinaus.

Neuheit

Anspruch 1
Die D1 (US 4719716) beschreibt einen mobilen Schießstand für Sportschützen. Der Schießstand ist dabei auf einem Wagen montiert, der als Anhänger genutzt werden kann und an

---

[20] Europäisches Patentamt, https://register.epo.org/application?documentId=E1P6TFG67978DSU &number=EP17180716&lng=de&npl=false, abgerufen am 8.3.2025.

beispielsweise einen LKW angekoppelt ist. Im Gegensatz zum neuen Anspruch 1 wird kein Raum offenbart, der auf Stelzen aufgebaut ist und daher mit einem Truck einfach versetzt werden kann, um als mobiler Konferenzraum zu dienen. Die Offenbarung der D2 (US 20130118540 A1) weist einen aufbaubaren Schießstand auf und die D3 (US 20140083023 A1) zeigt eine Schutzvorrichtung. Beide Dokumente D2 und D3 gehen nicht über die technische Lehre der D1 hinaus.

Daher ist der Gegenstand des Anspruchs 1 neu und daraus folgend auch die Gegenstände der abhängigen Ansprüche 2 bis 9."[21]

In einer Bescheidserwiderung ist es sinnvoll, die Zeichnungen der eigenen Patentanmeldung und die des Stands der Technik zu nutzen, um die Unterschiede zu verdeutlichen. In diesem Fall hätte man die Fig. 3 und 4 der US 4,719,716 zeigen können, die einen festmontierten Schießstand zeigen.

Die Abb. 2.3 zeigt die Figuren 3 und 4 des Dokuments US 4719716 des Stands der Technik, wobei ein Schießstand dargestellt ist, der nicht für den mobilen Einsatz geeignet ist.

Die Abb. 2.4 zeigt die Fig. 9 der US 2013 0118540 A1 des Stands der Technik, wobei der Schießstand Füße aufweist, die fest auf dem Grund montiert sind.

Im Gegensatz dazu zeigt die Abb. 2.5 der eigenen Patentanmeldung die erfindungsgemäße Aufenthaltskapsel, die Füße aufweist, um einen guten Halt sicherstellen, aber nicht im Boden verankert sind. Es kann daher ein Lastkraftwagen unter die Aufenthaltskapsel der erfindungsgemäßen Vorrichtung gefahren werden und diesen aufladen, um die Aufenthaltskapsel an einen anderen Ort zu transportieren.

„Erfinderische Tätigkeit

Anspruch 1
Das Dokument D1 stellt den nächstliegenden Stand der Technik dar, da die D1 ein mobiles, rundes, ufo-förmiges Gehäuse aufweist.

Die D1 beschreibt kein Stelzenhaus, das wegen der Anordnung auf Stelzen mit einem Truck einfach versetzt werden kann, um als mobiler Konferenzraum zu dienen.

Dieses zusätzliche Merkmal hat den Effekt, dass ein mobiler Meetingraum an einem beliebigen Ort in kürzester Zeit auf- und wieder abgebaut werden kann.

Objektive technische Aufgabe ist daher, einen leicht transportierbaren Konferenzraum zur Verfügung zu stellen.

Der Gegenstand des Anspruchs 1 ist nicht naheliegend gegenüber der D1 oder der D2 bzw. gegenüber der D1 in Verbindung mit Fachwissen bzw. gegenüber der D2 und Fachwissen bzw. gegenüber einer sonstigen Kombination der Dokumente des Stands der Technik mit oder ohne Fachwissen, da in keinem der Dokumente eine derartige Aufgabe verfolgt wird und daher auch keine Hinweise zu entnehmen sind, dass durch einen Aufbau eines Konferenzraums auf Stelzen diese Aufgabe gelöst werden kann.

Daher beruht der Gegenstand des neuen Anspruchs 1 auf erfinderischer Tätigkeit und daraus folgend auch die Gegenstände der abhängigen Ansprüche 2 bis 9.

---

[21] Europäisches Patentamt, https://register.epo.org/application?documentId=E1P6TFG67978DSU &number=EP17180716&lng=de&npl=false, abgerufen am 8.3.2025.

2.8 Beispiel 1: Stelzenhaus

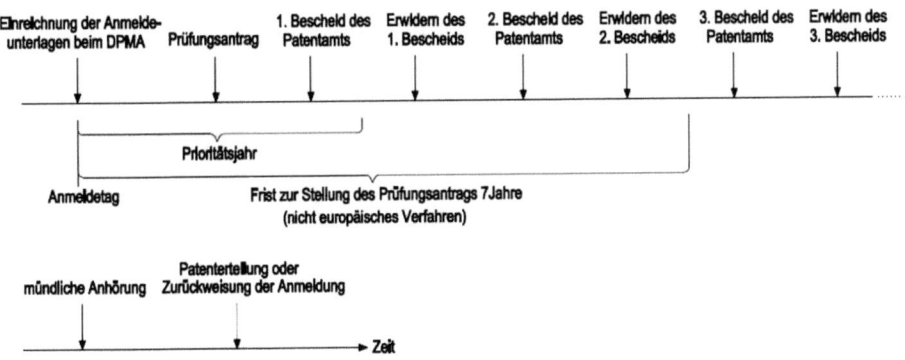

Abb. 2.2 Zeitlicher Ablauf eines Erteilungsverfahrens

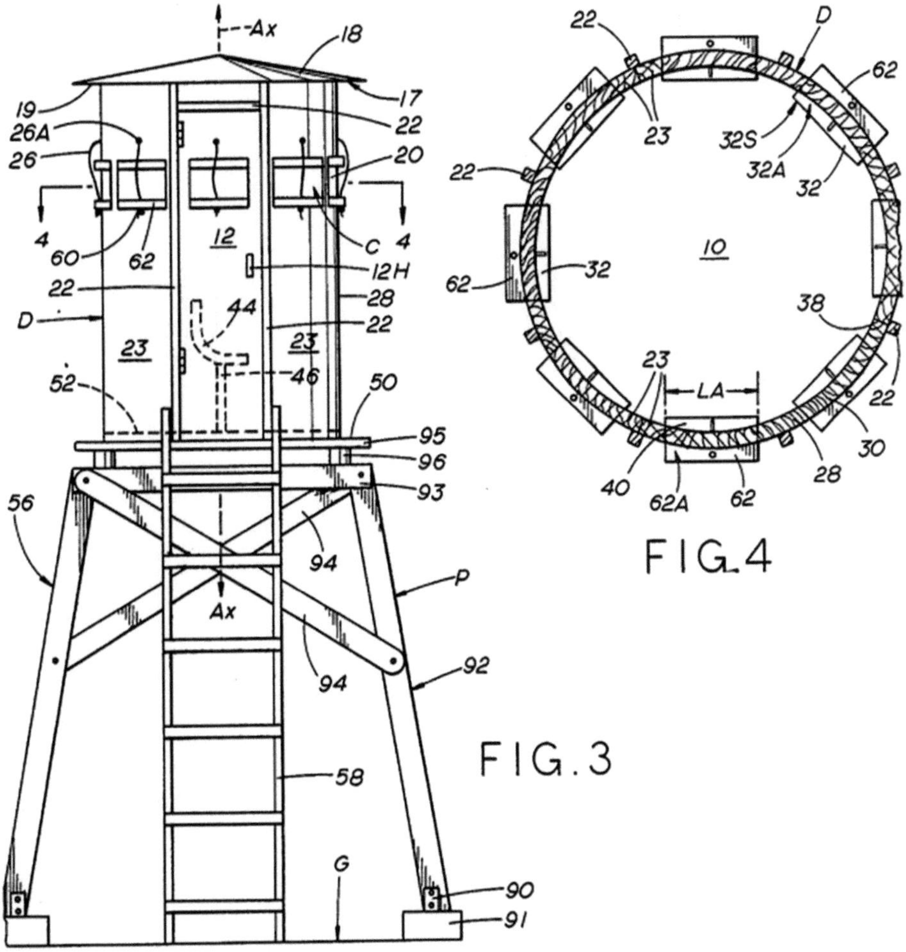

Abb. 2.3 Fig. 3 und 4 der US4719716[22]

---

[22] DPMA, https://depatisnet.dpma.de/DepatisNet/depatisnet?action=pdf&docid=US000004719716A&xxxfull=1, abgerufen am 8.3.2025.

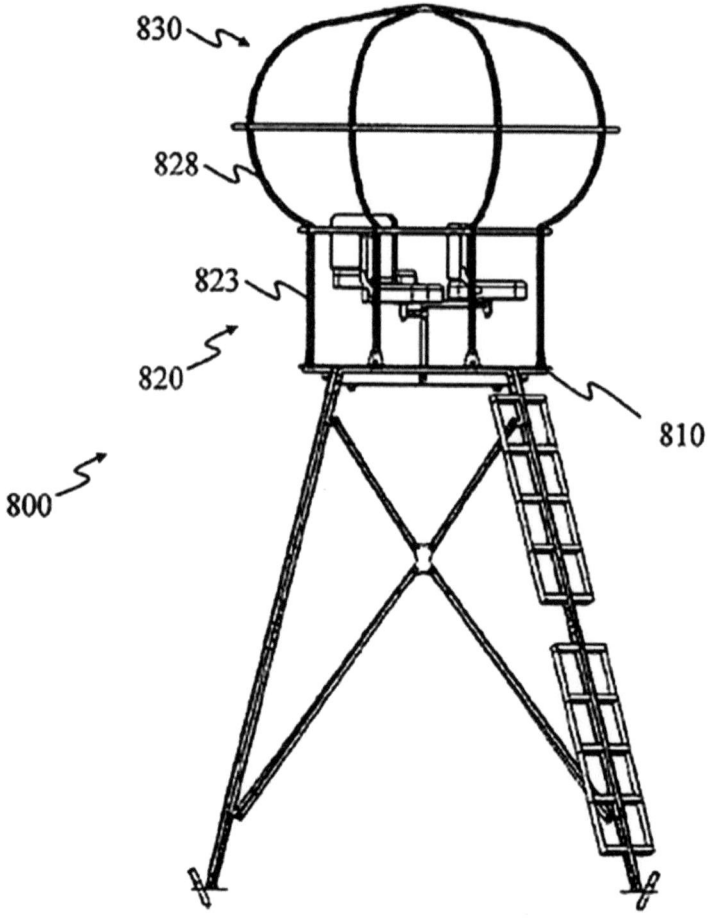

Abb. 2.4 Fig. 9 der US20130118540A1[23]

Anträge

Es wird daher die Erteilung eines Patents auf der Grundlage der neuen Patentansprüche 1 bis 9 beantragt.

---

[23] DPMA, https://depatisnet.dpma.de/DepatisNet/depatisnet?action=pdf&docid=US020130118540A1&xxxfull=1, abgerufen am 8.3.2025.

2.8 Beispiel 1: Stelzenhaus

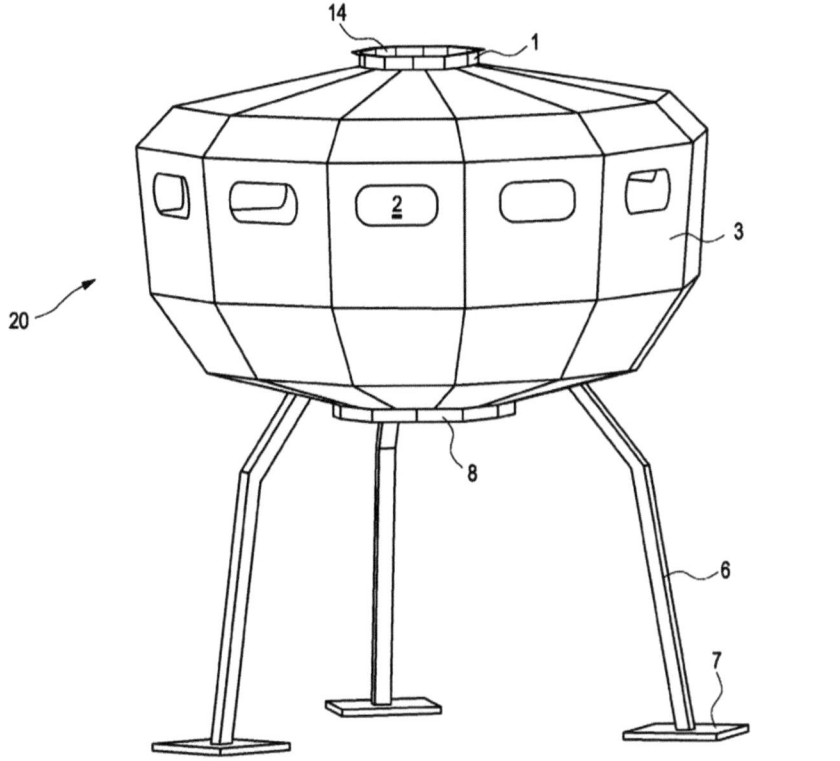

Abb. 2.5 Fig. 8 der EP3269899A1[24]

Falls jedoch das neue Patentbegehren nicht als gewährbar erachtet werden sollte und eine Zurückweisung der Anmeldung erwogen wird, wird hilfsweise mündliche Verhandlung beantragt.

Die Überarbeitung und Anpassung der Beschreibung wird vorgenommen, sobald gewährbare Ansprüche vorliegen. (Bescheidserwiderungen sind zu unterschreiben.)

Anlagen:
Neuer Anspruchssatz
(Reinschrift und Änderungsinformationsexemplar)"[25]

Es kann bereits zu einem frühen Zeitpunkt eine Anpassung der Beschreibung vorgenommen werden, wodurch es dem Prüfer erleichtert wird, eine zügige Patenterteilung in Betracht zu ziehen. Ist es jedoch absehbar, dass im aktuellen Stadium ein erteilungs-

---

[24] DPMA, https://depatisnet.dpma.de/DepatisNet/depatisnet?action=pdf&docid=EP000003269899A1&xxxfull=1, abgerufen am 8.3.2025.
[25] Europäisches Patentamt, https://register.epo.org/application?documentId=E1P6TFG67978DSU&number=EP17180716&lng=de&npl=false, abgerufen am 8.3.2025.

fähiger Anspruchssatz nicht vorliegt, wird eine Anpassung der Beschreibung eher nur zu einem unnötigen Arbeitsaufwand führen. Wird von dem Prüfer jedoch ein Wille zur Patenterteilung signalisiert, sollten vom Anmelder zügig vollständig korrigierte Anmeldeunterlagen dem Patentamt zur Verfügung gestellt werden.

2.9 Beispiel 2: Nagelbilder

Das zweite Beispiel einer Bescheidserwiderung befasst sich mit der Herstellung von Nagelbildern.[26] Nagelbilder umfassen eine Vielzahl von Nägeln, die weit auseinander stehend oder dicht beieinander ausgebildet sind und damit einen visuellen Eindruck erzeugen. Zusätzlich können die Nägel mit Fäden verbunden werden und damit auch Linien realisiert werden. Insgesamt soll sich ein ästhetischer Eindruck ergeben, der einem Gemälde ähnelt. In dem Erteilungsverfahren der EP 4182106 vor dem Europäischen Patentamt wurde nachfolgende Bescheidserwiderung eingereicht.[27]

„Auf die Mitteilung vom 12. September 2024:

Neue Unterlagen

Es werden neue Ansprüche 1 bis 4 eingereicht, die den ursprünglichen Anspruchssatz ersetzen.

Offenbarung der Ansprüche

Die Gegenstände der neuen Ansprüche sind an den folgenden Stellen der ursprünglichen Unterlagen offenbart:
Der neue Anspruch 1 umfasst die Merkmale:
- *ursprünglicher Anspruch 6*
- *ursprünglicher Anspruch 1*
- *ursprünglicher Anspruch 4*
- *ursprünglicher Anspruch 7*
- *Das Merkmal ... kann dem Absatz 4 auf der Seite 2 der ursprünglich eingereichten Anmeldeunterlagen entnommen werden.*

Der neue Anspruch 2 umfasst die Merkmale:
- *ursprünglicher Anspruch 8*
- *ursprünglicher Anspruch 1*
- *ursprünglicher Anspruch 2*

---

[26] Europäisches Patentamt, https://register.epo.org/application?documentId=M4TNWKWM29ULXOG&number=EP21749531&lng=de&npl=false, abgerufen am 8.3.2025.
[27] Europäisches Patentamt, https://register.epo.org/application?number=EP21749531&lng=de&tab=doclist, abgerufen am 13.3.2025.

2.9 Beispiel 2: Nagelbilder

> *Die weiteren Ansprüche des neuen Anspruchssatzes entsprechen dem bisherigen Anspruchssatz.*
>
> *Somit gehen die Gegenstände der neuen Ansprüche nicht über den Gegenstand der ursprünglichen Anmeldeunterlagen hinaus."*[28]

Es ist immer zunächst zu erläutern, welche neuen Unterlagen eingereicht werden und auf welchen Stellen in den ursprünglich eingereichten Anmeldeunterlagen die Änderungen basieren. Vorzugsweise wird für jedes einzelne neu aufgenommene Merkmal die Offenbarungsstelle genannt. Auf diese Weise kann eine unzulässige Erweiterung sicher ausgeschlossen werden.

„Neuheit

> *Anspruch 1*
>
> *Die D1 (US4964774A) beschreibt eine Vorrichtung, die zur Anfertigung von Stringart verwendet werden kann, wobei Nägel gezeigt sind, an deren einer Seite eine Verdickung bzw. ein Kopf vorliegt (siehe Abb. 2.6).*
>
> *Das Dokument D2 (US6149436A) zeigt ebenfalls Nägel mit einem Kopf (siehe Abb. 2.7).*
>
> *Das Dokument D3 (US1440579A) beschreibt Haltevorrichtungen, die an ihrem einen Ende eine Verdickung zur Aufnahme eines Fadens aufweisen (siehe Abb. 2.8). Die Nägel der D3 sind zur Herstellung bzw. Reparatur von Schuhen vorgesehen.*
>
> *Die Abb. 2.9 zeigt Ketten von Nagelrohlingen.*
>
> *Die D3 und D4 zeigen Nagelketten, wobei diese als Endlosdraht eine Struktur aufweisen.*
>
> *Im Gegenstand des aktuellen Hauptanspruchs wird nur von einem Endlosdraht gesprochen. Die Figur 1 der vorliegenden Patentanmeldung zeigt den Endlosdraht, an dem keine Struktur zu erkennen ist. Der Fachmann wird daher beim Gegenstand des aktuellen Anspruchs von einem einfachen, normalen Endlosdraht ausgehen, der über seine komplette Länge identisch und konturlos ist (Abb. 2.10).*
>
> *Es wird daher in keinem der Dokumente des Stands der Technik ein Endlosdraht beschrieben, der zur Herstellung von Stringart vorgesehen ist und Nägel ohne Kopf mit einer Spitze zum einfacheren Rammen in eine Platte zeigt. Daher ist der Gegenstand des Anspruchs 1 neu und daraus folgend auch die Gegenstände der Ansprüche 2 bis 4."*[31]

Durch die Aufnahme von Zeichnungen in die Bescheidserwiderung kann dem Prüfer das Verständnis der vorgebrachten Argumentation erleichtert werden.

---

[28] Europäisches Patentamt, https://register.epo.org/application?documentId=M4TNWKWM29UL-XOG&number=EP21749531&lng=de&npl=false, abgerufen am 8.3.2025.

[31] Europäisches Patentamt, https://register.epo.org/application?documentId=M4TNWKWM29UL-XOG&number=EP21749531&lng=de&npl=false, abgerufen am 8.3.2025.

Abb. 2.6 Fig. 1 und 3 der US4964774A[29]

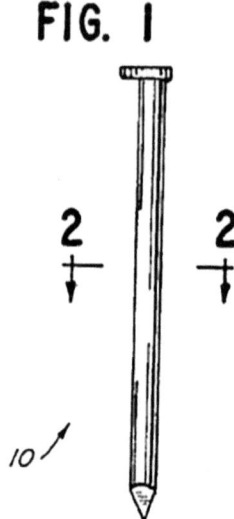

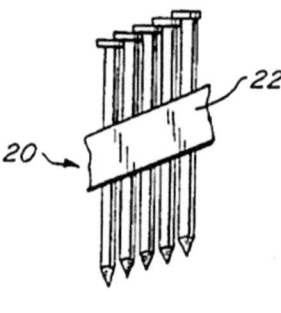

„**Erfinderische Tätigkeit**

Anspruch 1

Das Dokument D2 stellt den nächstliegenden Stand der Technik dar, da die D2 eine Stringart-Darstellung beschreibt. Die Dokumente D1, D2 und D3 zeigen keine Stringart-Darstellung und werden daher vom Fachmann nicht genutzt werden, um die Herstellung und eine Stringart-Darstellung selbst zu verbessern. Bei den Dokumenten D3 und D4 kommt zudem der Aspekt des Alters hinzu, da die D3 im Jahr 1920 beim Patentamt ein-

---

[29] DPMA, https://depatisnet.dpma.de/DepatisNet/depatisnet?action=pdf&docid=US000004964774A&xxxfull=1, abgerufen am 13.3.2025.

2.9 Beispiel 2: Nagelbilder

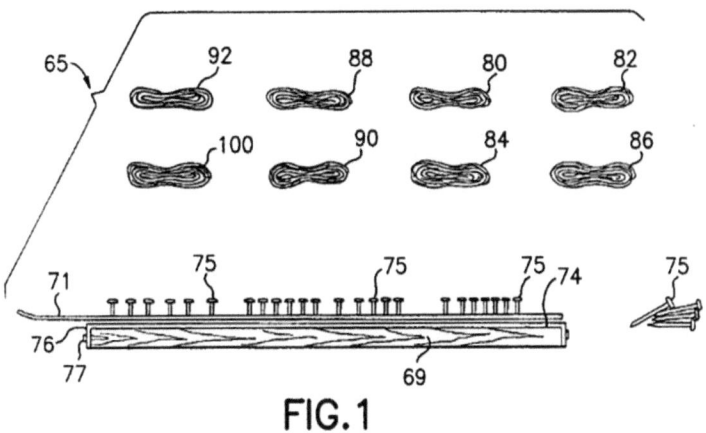

Abb. 2.7 Fig. 1 der US6149436A[30]

gereicht wurde und die D4 sogar bereits 1885. Der Fachmann wird immer versuchen, die aktuelle Technologie anzuwenden, da diese typischerweise die fortschrittlichste ist. Die D2 ist daher sowohl für den Anspruch 1 als auch für den Anspruch 2 der nächstliegende Stand der Technik, da beide Ansprüche im technischen Gebiet der Stringart-Darstellung liegen.

Die D2 beschreibt nicht, dass mit einem einfachen, konturlosen Endlosdraht die Nägel für die Stringart-Darstellung zur Verfügung gestellt werden können, wobei das Ende des Endlosdrahts in die Platte gerammt wird und dann der Endlosdraht derart abgetrennt wird, dass das neuerliche Ende des Endlosdrahts eine Spitze erhält, um leicht an einer anderen Stelle in die Platte gerammt zu werden.

Eine Herstellung der Stringart ist daher in sehr kurzer Zeit mit hoher Qualität im Stand der Technik nicht möglich (siehe Seite 2, Zeilen 22 bis 24 und Seite 5, Zeilen 10 bis 19 der eingereichten Anmeldeunterlagen).

Objektive technische Aufgabe ist daher, eine Vorrichtung zur Verfügung zu stellen, mit der Stringart sehr schnell und kostengünstig durchgeführt werden kann.

Das Dokument D1 befasst sich mit Befestigungselementen aus Metall. Das Dokument D3 beschreibt eine Kette von Nägeln, die der Herstellung von Schuhen dienen. Das Dokument D4 beschreibt Nagelrohlinge. Es kann keinem der Dokumente D1, D3 oder D4 ein Hinweis entnommen werden, dass mit den technischen Lehren dieser Dokumente eine Stringart-Darstellung in ihrer Herstellung optimiert werden kann. Insbesondere beschreiben D1, D3 und D4 Herstellungsverfahren von Nägeln, wobei das Einrammen des unfertigen Nagels in eine Platte vor dem Beenden des letzten Nagelherstellungsprozessschrittes nicht beschrieben und nicht nahegelegt wird. Auch dem nächstliegenden Stand der Technik kann kein Hinweis entnommen werden, dass beispielsweise durch einen Endlosdraht oder auf Basis der Dokumente D1, D3 oder D4 eine Optimierung erzielt werden kann. Der Fachmann wird daher die D2 nicht mit der D1, der D3 oder der D4 kombinieren.

Daher beruht der Gegenstand des neuen Anspruchs 1 auf erfinderischer Tätigkeit. Die Argumentation zu den Ansprüchen 2 bis 4 ist analog."[34]

---

[30] DPMA, https://depatisnet.dpma.de/DepatisNet/depatisnet?action=pdf&docid=US000006149436A&xxxfull=1, abgerufen am 13.3.2025.

[34] Europäisches Patentamt, https://register.epo.org/application?documentId=M4TNWKWM29ULXOG&number=EP21749531&lng=de&npl=false, abgerufen am 8.3.2025.

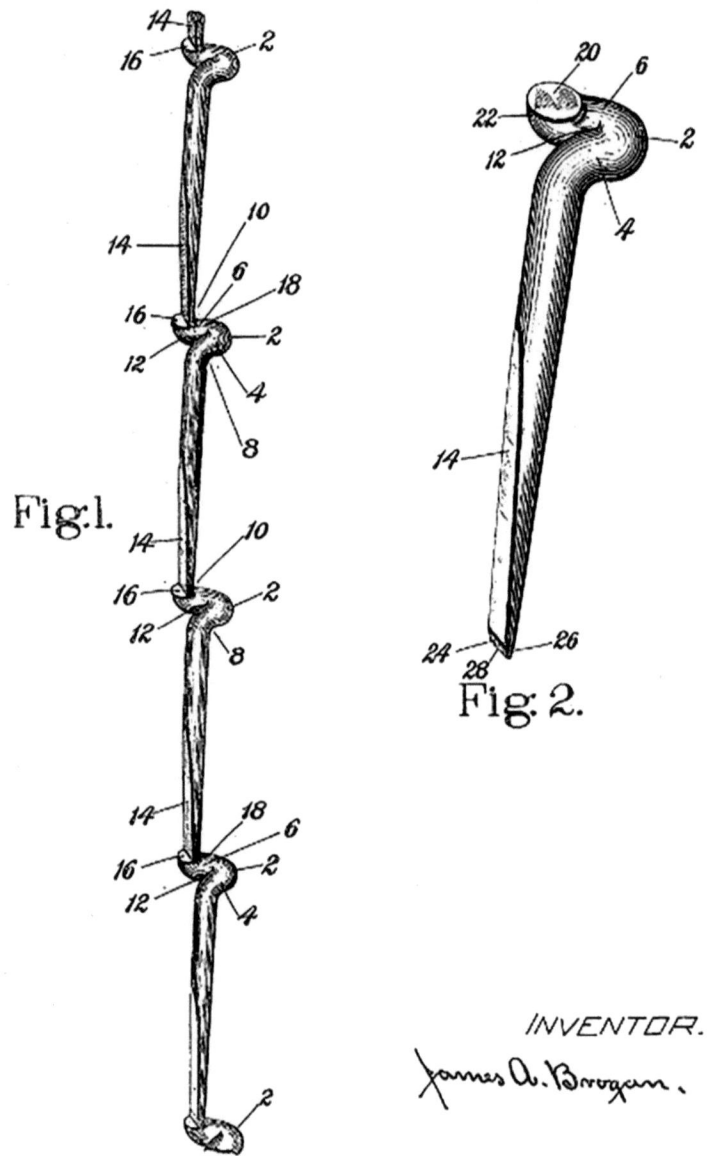

Abb. 2.8 Fig. 1 und 2 der US1440579A[32]

---

[32] DPMA, https://depatisnet.dpma.de/DepatisNet/depatisnet?action=pdf&docid=US000001440579A&xxxfull=1, abgerufen am 13.3.2025.

2.9 Beispiel 2: Nagelbilder

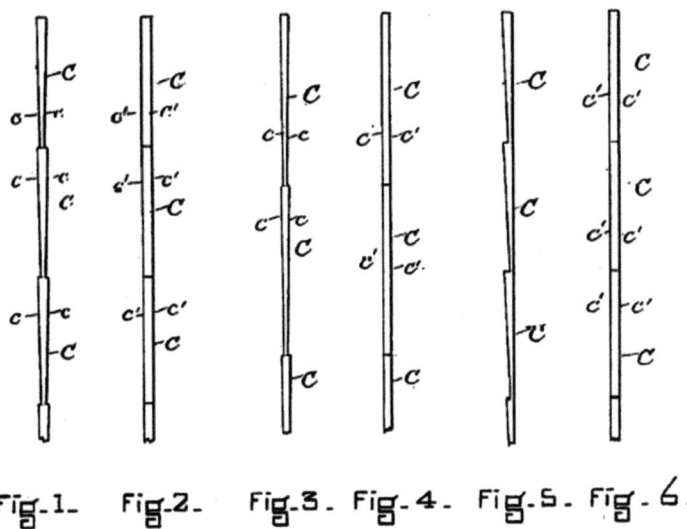

Abb. 2.9 Fig. 1 bis 6 der US315070[33]

Die Argumentation der erfinderischen Tätigkeit ist für jeden unabhängigen Anspruch durchzuführen.

„Anträge

Es wird daher die Erteilung eines Patents auf der Grundlage der neuen Patentansprüche 1 bis 4 beantragt.

Falls jedoch das neue Patentbegehren nicht als gewährbar erachtet werden sollte und eine Zurückweisung der Anmeldung erwogen wird, wird hilfsweise mündliche Verhandlung beantragt.

Die Überarbeitung und Anpassung der Beschreibung wird vorgenommen, sobald gewährbare Ansprüche vorliegen."[36]

Es ist wichtig, dass ein Antrag auf mündliche Anhörung gestellt wird. In diesem Fall muss der Prüfer vor einer Zurückweisung der Patentanmeldung dem Anmelder noch eine Möglichkeit bieten, in einer mündlichen Verhandlung das Patentbegehren zu begründen.

---

[33] DPMA, https://depatisnet.dpma.de/DepatisNet/depatisnet?action=pdf&docid=US000000315070A&xxxfull=1, abgerufen am 13.3.2025.

[36] Europäisches Patentamt, https://register.epo.org/application?documentId=M4TNWKWM29UL-XOG&number=EP21749531&lng=de&npl=false, abgerufen am 8.3.2025.

Abb. 2.10 Fig. 1 der EP4182106[35]

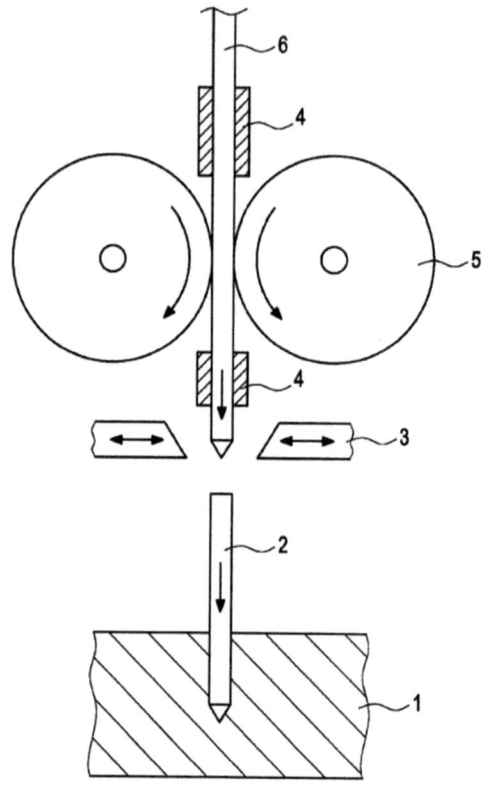

[35] Europäisches Patentamt, https://register.epo.org/application?documentId=E6EYDYRF7212DS-U&number=EP21749531&lng=de&npl=false, abgerufen am 13.3.2025.

Deutsches Einspruchsverfahren 3

Inhaltsverzeichnis

3.1	Bedeutung des Einspruchsverfahrens	38
3.2	Zeitlicher Ablauf eines Einspruchsverfahrens	39
3.3	Gerichtsähnliches Verwaltungsverfahren	39
3.4	Rechtsstellung der Beteiligten	40
3.5	Amtsermittlungsgrundsatz	40
3.6	Verfahrensablauf	40
3.7	Zulässigkeit des Einspruchs	41
3.8	Begründetheit des Einspruchs	41
3.9	Auslegung von Ansprüchen	43
3.10	Rechtliches Gehör	44
3.11	Beitritt zum Einspruch	45
3.12	Rücknahme des Einspruchs	45
3.13	Beschluss der Patentabteilung	46
3.14	Kosten des Einspruchsverfahrens	46

Ein Einspruch ist ein Verfahren, mit dem kostengünstig jeder Dritte veranlassen kann, dass die Patentwürdigkeit in einem streitigen Verfahren überprüft wird. Der Dritte muss kein berechtigtes Interesse nachweisen. Der Einspruch ist der Patenterteilung nachgeschaltet, sodass der Patentinhaber durch einen Einspruch nicht in der Durchsetzung seines Patents gehindert wird.

Für einen Einspruch ist eine Patentabteilung des deutschen Patentamts zuständig.[1]

---

[1] § 61 Absatz 1 Satz 1 Patentgesetz.

© Der/die Autor(en), exklusiv lizenziert an Springer-Verlag GmbH, DE, ein Teil von Springer Nature 2025
T. H. Meitinger, *Patenterteilung, Einspruch, Beschwerde und Nichtigkeit.*,
https://doi.org/10.1007/978-3-662-71434-8_3

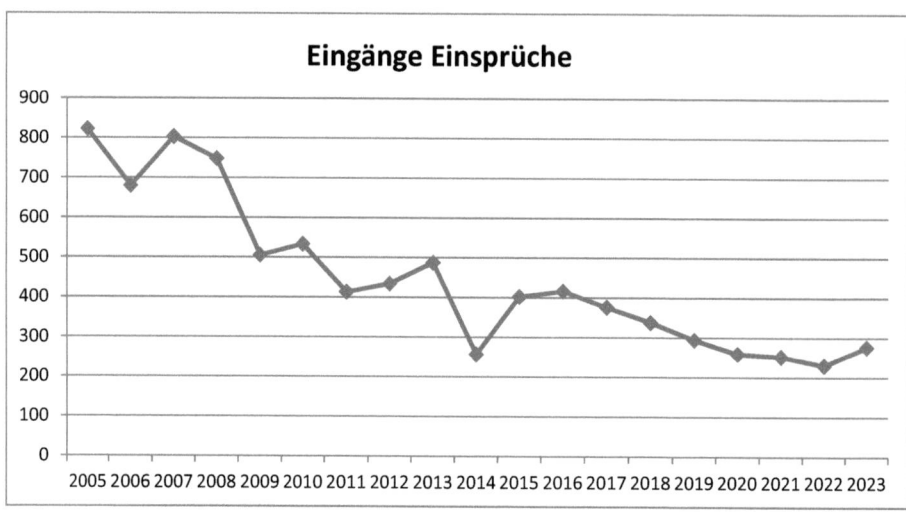

Abb. 3.1 Anzahl der Einsprüche von 2010 bis 2023[2]

3.1 Bedeutung des Einspruchsverfahrens

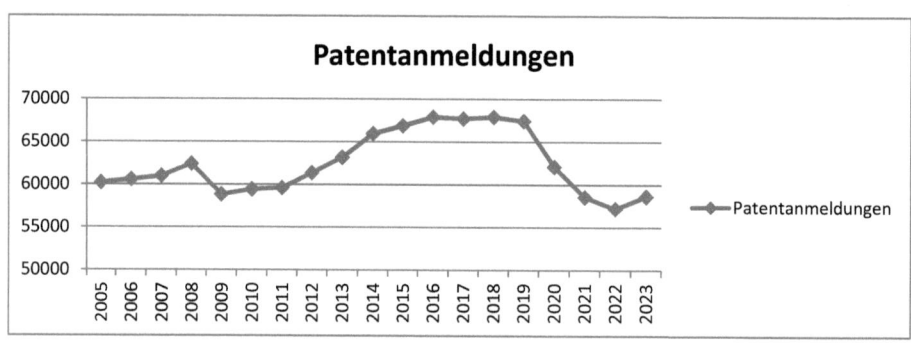

Abb. 3.2 Anzahl der Patentanmeldungen von 2005 bis 2023[3]

Die Abb. 3.1 zeigt, dass sich die Anzahl der Einsprüche vor dem DPMA von 2005 bis 2023 von 822 Eingängen von Einsprüchen auf 276 Neueingänge verringert hat. Die An-

---

[2] DPMA, Jahresberichte des DPMA, https://www.dpma.de/dpma/veroeffentlichungen/jahresberichte/index.html, abgerufen am 21.12.2024; im Zeitraum 2001 bis 2006 wurden Einsprüche nicht vor dem DPMA, sondern vor dem Bundespatentgericht verhandelt. Diese Einspruchsverfahren sind hier enthalten.

[3] DPMA, Jahresberichte des DPMA, https://www.dpma.de/dpma/veroeffentlichungen/jahresberichte/index.html, abgerufen am 21.12.2024.

3.3 Gerichtsähnliches Verwaltungsverfahren

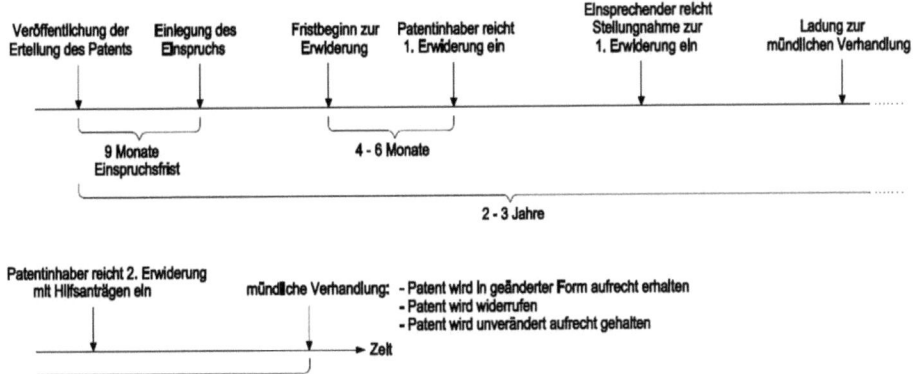

Abb. 3.3 Zeitlicher Ablauf eines Einspruchsverfahrens

zahl der Einsprüche hat sich daher gedrittelt. Es werden aktuell deutlich weniger Einsprüche im Vergleich zu den Vorjahren beim deutschen Patentamt eingereicht. Diese Entwicklung ist nicht auf eine wesentliche Verringerung der Anmeldezahlen zurückzuführen, da in demselben Zeitraum von 2005 bis 2023 nur ein Rückgang der deutschen Patentanmeldungen von 60222 auf 58656, also um etwa 2,6 % zu verzeichnen ist (siehe Abb. 3.2).

3.2 Zeitlicher Ablauf eines Einspruchsverfahrens

Die Abb. 3.3 stellt den chronologischen Ablauf eines Einspruchsverfahrens dar, wobei ein Einspruch innerhalb eines Zeitraums von neun Monaten nach der Veröffentlichung der Erteilung des Patents eingelegt werden kann.

3.3 Gerichtsähnliches Verwaltungsverfahren

Bei dem Einspruchsverfahren vor dem DPMA handelt es sich nicht um ein reines Amtsverfahren und auch nicht um ein gerichtliches Verfahren. Das Einspruchsverfahren ähnelt dem Nichtigkeitsverfahren vor dem Bundespatentgericht, da in beiden Fällen ein erteiltes Patent mit denselben Widerrufsgründen angegriffen werden kann. Das Einspruchsverfahren stellt ein Zwitterwesen dar und kann als ein gerichtsähnliches Verwaltungsverfahren aufgefasst werden.[4]

---

[4] BGH GRUR 07, 859 Informationsübermittlungsverfahren I, X ZB 9/06, Urteil vom 17. April 2007.

3.4 Rechtsstellung der Beteiligten

Einsprechende und Patentinhaber sind keine Parteien, wie bei einem gerichtlichen Verfahren, sondern „Beteiligte".[5] Die Beteiligten sind nicht „Herr des Verfahrens", wie dies bei einem gerichtlichen Verfahren der Fall wäre. Die Rücknahme eines Einspruchs beendet daher nicht zwingend das Einspruchsverfahren, sondern nur die Beteiligung des Einsprechenden.[6] Außerdem kann das Patentamt auch Widerrufsgründe prüfen, die nicht vom Einsprechenden erhoben wurden.

Das gilt nicht für den Widerrufsgrund der Vindikation. Ist der einzige Widerrufsgrund eine Vindikation wird durch die Rücknahme des Einspruchs das Verfahren beendet.

3.5 Amtsermittlungsgrundsatz

Im Einspruchsverfahren gilt wie im Patenterteilungsverfahren der Amtsermittlungsgrundsatz.[7] Die Einspruchsabteilung ist daher nicht an die vom Einsprechenden geltend gemachten Widerrufsgründe gebunden. Die Begründung kann darin gesehen werden, dass die Einspruchsabteilung nicht nur den Beteiligten des Einspruchsverfahrens verpflichtet ist, sondern insbesondere der Öffentlichkeit, die ein Interesse daran hat, dass nicht rechtsbeständige Patente gelöscht werden. Aus diesem Grund kann das Einspruchsverfahren auch bei Rücknahme des Einspruchs von der Einspruchsabteilung fortgesetzt werden. Dies gilt im besonderen Maße, wenn das Verfahren entscheidungsreif ist.

3.6 Verfahrensablauf

Ein Einspruchsverfahren erfolgt grundsätzlich im schriftlichen Vorverfahren und einer Anhörung, die einer mündlichen Verhandlung entspricht. Im schriftlichen Vorverfahren können die Beteiligten ihre Argumente austauschen. Nach Ende des schriftlichen Verfahrens kann eine Anhörung angesetzt werden. Allerdings findet eine Anhörung nur statt, falls zumindest einer der Beteiligten es beantragt hat oder die Patentabteilung dies für sachdienlich hält.[8]

Mit der Ladung zur Anhörung werden den Bete`iligten von der Patentabteilung die Punkte erläutert, die insbesondere in der Anhörung geklärt werden sollen.[9] Es ist dringend zu empfehlen, in der Anhörung zu den von der Patentabteilung genannten Punkten Stellung zu nehmen.

---

[5] BGH GRUR 95, 333 Aluminium-Trihydroxid; BGH GRUR 96, 42 Lichtfleck.
[6] § 61 Absatz 1 Satz 2 Patentgesetz bzw. Regel 84 Absatz 2 Satz 2 EPÜ.
[7] BGH GRUR 2008, 87 – Patentinhaberwechsel im Einspruchsverfahren.
[8] § 59 Absatz 3 Satz 1 Patentgesetz.
[9] § 59 Absatz 3 Satz 2 Patentgesetz.

3.7 Zulässigkeit des Einspruchs

Der Einspruch kann innerhalb einer Frist von 9 Monaten nach der Veröffentlichung der Patenterteilung beim DPMA geltend gemacht werden.[10] Innerhalb derselben Frist ist der Einspruch zu substantiieren, das bedeutet, dass die Widerrufsgründe geltend zu machen sind, derentwegen das Patent zu widerrufen ist. Es sind außerdem die Tatsachen und Beweismittel anzugeben, die die Widerrufsgründe stützen.[11]

3.8 Begründetheit des Einspruchs

Der Einspruch muss auf Widerrufsgründe basieren, die auf Tatsachen beruhen, die innerhalb der Einspruchsfrist eingereicht wurden.[12] Ausschließlich die nachfolgenden Widerrufsgründe sind im Einspruchsverfahren zulässig.[13] Im Einspruchsverfahren kann mangelnde Neuheit, fehlende erfinderische Tätigkeit, keine gewerbliche Anwendbarkeit, mangelnde Ausführbarkeit, unzulässige Erweiterung und Vindikation geltend gemacht werden.

Neuheit
Der Gegenstand der unabhängigen Ansprüche muss neu sein, damit ein Patent rechtsbeständig ist.[14] Neuheit liegt vor, falls der Anspruch nicht dem Stand der Technik angehört. Stand der Technik sind sämtliche Veröffentlichungen, die der Öffentlichkeit vor dem Anmeldetag bekannt gemacht wurden. Nimmt die Patentanmeldung eine Priorität in Anspruch, ist der Anmeldetag durch den Prioritätstag zu ersetzen.[15] Eine Veröffentlichung eines Stands der Technik kann auch durch eine öffentliche Benutzung oder Präsentation erfolgt sein.

Erfinderische Tätigkeit
Eine erfinderische Tätigkeit liegt vor, falls die Erfindung für den Fachmann nicht naheliegend ist.[16] Im § 4 Satz 1 Patentgesetz wird der Fachmann ausdrücklich als Instanz der Bewertung der erfinderischen Tätigkeit genannt.[17] Der patentrechtliche Fachmann weist ein durchschnittliches Fachkönnen und Fachwissen auf.

---

[10] § 59 Absatz 1 Satz 1 Patentgesetz.
[11] § 59 Absatz 1 Sätze 4 und 5 Patentgesetz.
[12] § 59 Absatz 1 Sätze 4 und 5 Patentgesetz.
[13] § 59 Absatz 1 Satz 3 Patentgesetz.
[14] § 21 Absatz 1 Nr. 1 i. V. m. § 3 Absatz 1 Satz 1 Patentgesetz.
[15] § 3 Absatz 1 Satz 2 Patentgesetz.
[16] § 4 Satz 1 Patentgesetz.
[17] § 4 Satz 1 Patentgesetz: „Eine Erfindung gilt als auf einer erfinderischen Tätigkeit beruhend, wenn sie sich für den Fachmann nicht in naheliegender Weise aus dem Stand der Technik ergibt."

Ein Fachmann wird eine technische Lehre in aller Regel mit seinem Fachwissen und Fachkönnen anwenden, sodass die technische Lehre von jedem Fachmann in unterschiedlicher Weise benutzt wird. Diese Variationen des Stands der Technik dürfen nicht monopolisiert werden, um die alltägliche Arbeit der Fachleute und die graduelle „normale" Fortentwicklung der Technologie nicht zu behindern. Es können daher nur solche technischen Lehren patentiert werden, die den Stand der Technik sprunghaft voranbringen. Es können nur die technischen Lehren zum Patent erteilt werden, die für einen Fachmann nicht naheliegend sind.[18]

Could-Would-Test
Der Fachmann ist zur Beurteilung der erfinderischen Tätigkeit erforderlich, wobei der Could-Would-Test relevant ist.

Der Fachmann macht nichts ohne einen Anlass.[19] Entsprechend genügt es nicht, dass durch eine beliebige Kombination von Dokumenten des Stands der Technik der Fachmann zu einer zu bewertenden Erfindung hätte gelangen können. Der Fachmann musste außerdem einen Anlass oder eine Anregung gehabt haben, die entsprechenden Dokumente zu kombinieren.[20]

Mit dem Could-Would-Test soll insbesondere eine Ex-Post-Betrachtung verhindert werden, bei der im Nachhinein jede Erfindung naheliegend erscheint.[21] Mit dem patentrechtlichen Fachmann soll ein Blickwinkel vor der Schaffung der Erfindung eingenommen werden, bei der die technische Lehre der Erfindung noch unbekannt war.[22]

Gewerbliche Anwendbarkeit
Eine mangelnde gewerbliche Anwendbarkeit ist ein Einspruchsgrund.[23] Allerdings wird man mit diesem Widerrufsgrund vor dem Patentamt wahrscheinlich nicht durchdringen,

---

[18] Ann, § 18. Erfinderische Leistung in Ann, Patentrecht, 8. Auflage 2022, Rn. 2.
[19] BGH GRUR 2010, 407 einteilige Öse; BPatG 2.2.2016 4 Ni 29/14 (EP); BPatG 28.11.2017 6 Ni 32/16 /EP); Fitzner/Lutz/Bodewig Rn 38.
[20] Benkard PatG/Asendorf/Schmidt/Tochtermann, 12. Aufl. 2023, PatG § 4 Rn. 86.
[21] EPA T 47/91; Singer/Stauder/Luginbühl Art 56 EPÜ Rn 56; zu deren Unzulässigkeit BGH GRUR 2001, 232 Brieflocher.
[22] EPA T 2/83 ABl EPA 1984, 265 = GRUR Int 1984, 527 Simethicon-Tablette; EPA T 90/84; EPA T 124/84 EPOR 1986, 297; EPA T 223/84 EPOR 1986, 67; EPA T 256/84; EPA T 265/84 EPOR 1987, 193; EPA T 7/86 ABl EPA 1988, 381 = GRUR Int 1989, 226 Xanthine; EPA T 392/86; EPA T 219/87; EPA T 274/87 EPOR 1989, 207; EPA T 564/89; EPA T 274/87 EPOR 1989, 207; EPA T 61/90; EPA T 513/90 ABl EPA 1994, 154 = GRUR Int 1994, 618 f. geschäumte Körper; EPA T 597/92 ABl EPA 1996, 135 = GRUR Int 1996, 814 Umlagerungsreaktion; EPA T 167/93 ABl EPA 1997, 229 = GRUR Int 1997, 742 Bleichmittel; EPA T 203/93; EPA T 406/98; BPatG 16.7.1997 20 W (pat) 64/95; Schulte Rn 58 ff.; Szabo Mitt 1994, 225, 233 f.; Knesch VPP-Rdbr 1994, 70, 72.
[23] § 59 Absatz 1 Satz 3 i. V. m. § 21 Absatz 1 Nr. 1 i. V. m. § 5 Patentgesetz.

denn es ist kaum vorstellbar, dass eine technische Vorrichtung nicht in irgendeiner Weise gewerblich nutzbar ist.

Ausführbarkeit
Bei der Frage der Ausführbarkeit stellt der patentrechtliche Fachmann den Bewertungsmaßstab dar. Die technische Lehre eines Patents richtet sich daher nicht an einen technischen Laien, sondern an einen Fachmann auf dem technischen Gebiet der Erfindung. Nur falls trotz des Fachwissens und des Fachkönnens eines Durchschnittsfachmanns eine technische Lehre eines Patents nicht reproduzierbar ist, kann der Widerrufsgrund der mangelnden Ausführbarkeit durchgreifen.

Unzulässige Erweiterung
Der Widerrufsgrund der unzulässigen Erweiterung liegt vor, falls die Offenbarung des Patents über das hinausgeht, was beim Patentamt ursprünglich offenbart wurde.[24]

3.9 Auslegung von Ansprüchen

Die unabhängigen Ansprüche eines Patents bestimmen dessen Schutzumfang.[25] Die unabhängigen Ansprüche stellen daher den zentralen Verhandlungsgegenstand jedes streitigen Verfahrens dar.[26]

Ein Anspruch bedarf der Auslegung, um den Sinngehalt des Anspruchs richtig bestimmen zu können. Ein Anspruch kann wortlautgemäß, systematisch und funktional ausgelegt werden. Eine Auslegung eines Anspruchs muss immer vor dem Hintergrund der gesamten Offenbarung des Patents erfolgen.[27]

Bei der Auslegung ist zu berücksichtigen, dass die Auslegung aus der Perspektive des Fachmanns erfolgt, sodass nur technisch sinnvolle Ausführungsformen dem Schutzumfang des Anspruchs zugerechnet werden. Technisch sinnlose Ausführungsformen, die stets in einem Schutzumfang eines Anspruchs enthalten sein können, bleiben außer Betracht.[28]

Die Auslegung eines Anspruchs kann eine anspruchsvolle Tätigkeit darstellen. Als letzte Instanz gilt hierbei das befasste Gericht.[29] Es kann durchaus sein, dass eine erste Auslegung

---

[24] § 59 Absatz 1 Satz 3 i. V. m. § 21 Absatz 1 Nr. 4 Patentgesetz.
[25] § 14 Patentgesetz.
[26] Nägerl, § 4. Abgrenzung vom Stand der Technik – Neuheit und erfinderische Tätigkeit, Haedicke/Timmann, Handbuch des Patentrechts 2. Auflage 2020 Rn. 56.
[27] § 14 Satz 2 Patentgesetz.
[28] Timmann, § 3. Auslegung und Schutzbereich von Patenten in Haedicke/Timmann, Handbuch des Patentrechts, 2. Auflage 2020, Rn. 51, 52.
[29] Ann, § 32. Der Schutzbereich des Patents und des Gebrauchsmusters, Ann, Patentrecht 8. Auflage 2022 Rn. 51.

einer unteren Gerichtsinstanz durch die Berufungs- bzw. Revisionsinstanz aufgehoben und berichtigt wird. Einige Entscheidungen des Bundesgerichtshofs basieren gerade auf einer anderen Auslegung der Ansprüche im Vergleich zu Urteilen der Vorinstanzen.[30]

Die Auslegung der Ansprüche muss dem Gebot der Rechtssicherheit und Angemessenheit gerecht werden.[31] Angemessenheit liegt vor, falls einem revolutionären Patent ein größerer Schutzumfang als einem „Trivialpatent" zugebilligt wird. Allerdings darf die Auslegung nicht über den im Anspruch beschriebenen Gegenstand hinausgehen, um die Rechtssicherheit zu wahren.[32]

Wortlautgemäße Auslegung
Eine wortlautgemäße Auslegung wird auch als wortsinngemäße Auslegung bezeichnet. Bei dieser Auslegung wird der Sinngehalt jedes einzelnen Wortes des Anspruchs ermittelt. Die Summe der Sinngehalte der Worte ergibt den Sinngehalt des gesamten Anspruchs.

Systematische Auslegung
Bei der systematischen Auslegung eines Anspruchs wird insbesondere die Beschreibung des Patents berücksichtigt. Die Beschreibung kann nicht die Auslegung eines Anspruchs bestimmen oder sogar einen eigenen Schutzumfang aufspannen. Allerdings ist bei der Auslegung eines Anspruchs immer die Beschreibung zu berücksichtigen. Eine Anspruchsauslegung umfasst zumindest eine wortlautgemäße und eine systematische Auslegung.[33]

Funktionale Auslegung
Bei der funktionalen Auslegung wird nach der Aufgabe gefahndet, die die Erfindung erfüllen soll und der Anspruch nach den Ausführungsformen ausgelegt, die geeignet sind, diese Aufgabe zu lösen.

3.10 Rechtliches Gehör

Das Einhalten des rechtlichen Gehörs bedeutet, dass die Entscheidung der Einspruchsabteilung nur auf Umstände basieren darf, zu denen die Beteiligten eine Möglichkeit hatten, sich zu äußern.[34] Das Rechtsprinzip des rechtlichen Gehörs ist im Grundgesetz verankert.[35] Das rechtliche Gehör hat zur Folge, dass überraschende Entscheidungen, die auf bislang nicht erwähnten Umständen basieren, ausgeschlossen sind.

---

[30] Gröning: Die Auslegung des Patentanspruchs durch den BGH – immer wieder Wendepunkt im Patentverletzungsprozess GRUR 2021, 1477.
[31] Osterrieth, Teil 6. Patentverletzung Osterrieth, Patentrecht, 6. Auflage 2021, Rn. 856.
[32] BGHZ 100, 249 (254) – Rundfunkübertragungssystem.
[33] § 14 Satz 2 Patentgesetz.
[34] BGH GRUR 1966, 583 – Abtastverfahren; BGH GRUR 1978, 99, 100 – Gleichstromtransferspeisung.
[35] Artikel 103 Absatz 1 Grundgesetz.

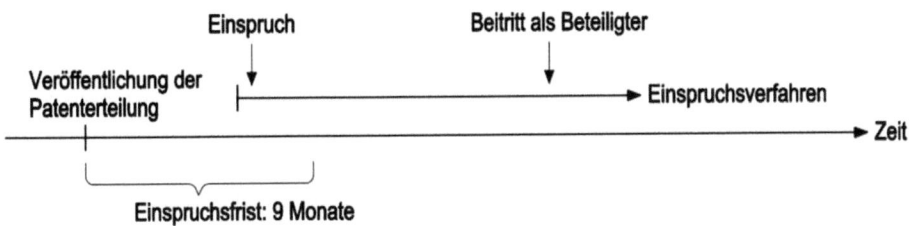

Abb. 3.4 Beitritt zum Einspruchsverfahren

Die Beteiligten des Einspruchsverfahrens sind daher zu allen tatsächlichen und rechtlichen Erwägungen, die entscheidungsrelevant sind, zu hören. Das bedeutet jedoch nicht, dass den Beteiligten vorab vermittelt werden muss, wie die Einspruchsabteilung entscheiden wird.[36]

Das rechtliche Gehör ist beispielsweise verletzt, wenn der Einsprechende neue Anträge des Patentinhabers nicht übermittelt bekommt oder wenn dem Einsprechenden die Umstände, die zur Unzulässigkeit des Einspruchs führten, nicht bekannt waren.[37]

3.11 Beitritt zum Einspruch

Der Beitritt zum Einspruch (Nebenintervention) eröffnet sich demjenigen, gegen den ein Verletzungsverfahren auf Basis des Streitpatents anhängig ist. Hierbei ist eine Beitrittsfrist von 3 Monaten nach Erhebung der Verletzungsklage zu beachten.[38] Dasselbe gilt für einen Dritten, der vom Patentinhaber aufgefordert wurde, eine angebliche Patentverletzung zu unterlassen und daraufhin eine Feststellungsklage auf Nichtverletzung des Patents erhoben hat.[39] Der Einspruch eines Beitretenden ist innerhalb der 3-monatigen Beitrittsfrist zu begründen (Abb. 3.4).[40]

3.12 Rücknahme des Einspruchs

Die Rücknahme des Einspruchs eines Einsprechenden bedeutet nicht die Beendigung des Einspruchsverfahrens, selbst wenn es sich um den einzigen Einsprechenden handelt.[41] Die Rücknahme führt nur zum Ende des Beteiligtenstatus des Einsprechenden. Das ist

---

[36] BGH GRUR 1966, 583 – Abtastverfahren.
[37] BPatG BIPMZ 1986, 181.
[38] § 59 Absatz 2 Satz 1 Patentgesetz.
[39] § 59 Absatz 2 Satz 2 Patentgesetz.
[40] § 59 Absatz 2 Satz 3 Patentgesetz.
[41] § 61 Absatz 1 Satz 3 Patentgesetz.

sachgerecht, denn das Patentamt sollte sich darum bemühen, den Wettbewerb nicht mit nicht-rechtsbeständigen Patenten zu belasten.

Dies gilt jedoch nicht, wenn der einzige erhobene Widerrufsgrund eine widerrechtliche Entnahme betrifft. In diesem Fall führt die Rücknahme des Einspruchs zur Beendigung des Einspruchsverfahrens.[42] Bei einer Vindikation ist die Patentabteilung auf die Mitarbeit des Einsprechenden angewiesen, um die widerrechtliche Entnahme zu belegen. Außerdem ändert sich für den Wettbewerb kaum etwas wenn die entsprechende Erfindung durch einen anderen Patentinhaber beansprucht wird. Es ist daher sachgerecht, das Verfahren zu beenden, wenn die einzige Person mit einem rechtlichen Interesse das Verfahren nicht fortführen möchte.

3.13 Beschluss der Patentabteilung

Die Patentabteilung entscheidet durch Beschluss über den Einspruch.[43] Das Streitpatent kann teilweise widerrufen, vollständig widerrufen oder unverändert aufrechterhalten werden.[44]

3.14 Kosten des Einspruchsverfahrens

In aller Regel trägt jeder Beteiligter seine Kosten selbst. Mit dem Einspruchsverfahren sollte gerade ein schnelles Verfahren ohne hohes Kostenrisiko zur Verfügung gestellt werden, um nicht rechtsbeständige Patente zu beseitigen.

Die Patentabteilung kann jedoch auch nach billigem Ermessen entscheiden, dass einem der Beteiligten die Kosten des Verfahrens bzw. der mündlichen Anhörung auferlegt werden.[45] Das kann insbesondere bei Rücknahme des Einspruchs durch den Einsprechenden oder bei Verzicht auf das Patent durch den Patentinhaber geboten sein.[46] Die Kosten eines Beteiligten können der gegnerischen Partei nur auferlegt werden, soweit sie zur Wahrung der Rechte und Ansprüche des Beteiligten erforderlich waren.[47] Die Patentabteilung kann auch bestimmen, dass die Einspruchsgebühr bei Vorliegen von Billigkeit zurückzuzahlen ist.[48]

---

[42] § 61 Absatz 1 Satz 4 Patentgesetz.
[43] § 61 Absatz 1 Satz 1 Patentgesetz.
[44] § 61 Absatz 1 Satz 2 Patentgesetz.
[45] § 62 Absatz 1 Satz 1 Patentgesetz.
[46] § 62 Absatz 1 Satz 2 Patentgesetz.
[47] § 62 Absatz 2 Satz 1 Patentgesetz.
[48] § 62 Absatz 1 Satz 3 Patentgesetz.

Beschwerdeverfahren vor dem BPatG

Inhaltsverzeichnis

4.1 Bedeutung des Beschwerdeverfahrens.................................... 48
4.2 Zeitlicher Ablauf eines deutschen Beschwerdeverfahrens.......................... 49
4.3 Beschwer... 49
4.4 Statthaftigkeit... 49
4.5 Zulässigkeit.. 49
4.6 Begründetheit.. 50
4.7 Verzicht auf Beschwerde... 50

Mit einem Beschwerdeverfahren kann eine Überprüfung einer Entscheidung des DPMA vor dem BPatG veranlasst werden.[1] Insbesondere kann die Zurückweisung einer Patentanmeldung (Anmelderbeschwerde) oder die Entscheidung über einen Einspruch (Einspruchsbeschwerde) mit einer Beschwerde angegriffen werden.

Das Beschwerdeverfahren findet vor dem Bundespatentgericht statt. Dennoch ist die Beschwerde beim deutschen Patentamt einzureichen. Der Grund ist darin zu sehen, dass die Beschwerde zunächst der Prüfungsstelle bzw. der Patentabteilung übermittelt wird, die die angefochtene Entscheidung getroffen hat. Der Prüfungsstelle bzw. der Patentabteilung wird hierdurch die Möglichkeit gegeben, ihre Entscheidung abzuändern, falls sie die Beschwerde für begründet erachtet.[2] Wird der Beschwerde nicht „abgeholfen", wird die Beschwerde ohne einen Kommentar des Patentamts an das Bundespatentgericht weitergeleitet.[3]

---

[1] § 73 Absatz 1 Patentgesetz.
[2] § 73 Absatz 3 Satz 1 Patentgesetz.
[3] § 73 Absatz 3 Satz 3 Patentgesetz.

© Der/die Autor(en), exklusiv lizenziert an Springer-Verlag GmbH, DE, ein Teil von Springer Nature 2025
T. H. Meitinger, *Patenterteilung, Einspruch, Beschwerde und Nichtigkeit.*,
https://doi.org/10.1007/978-3-662-71434-8_4

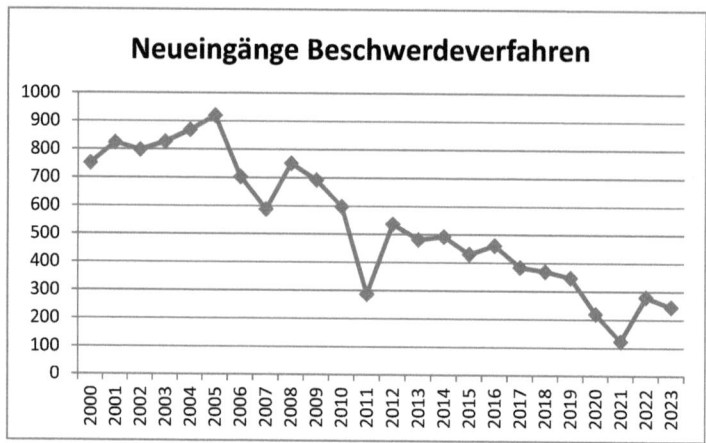

Abb. 4.1 Neueingänge von Beschwerden von 2000 bis 2023[4]

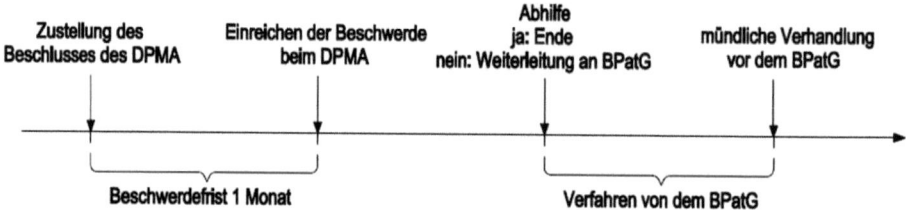

Abb. 4.2 Zeitlicher Ablauf eines deutschen Beschwerdeverfahrens

4.1 Bedeutung des Beschwerdeverfahrens

Die Abb. 4.1 zeigt die jährlichen Neueingänge der Beschwerdeverfahren beim Bundespatentgericht. In dieser Darstellung sind keine Einspruchsbeschwerden enthalten. Die Einspruchsbeschwerden bewegen sich in jedem Jahr im einstelligen Bereich und spielen daher keine große Rolle. Die Anzahl der jährlichen Beschwerden sind im Zeitraum von 2000 bis 2023 um ca. 67 % zurückgegangen.

---

[4] Bundespatentgericht, Jahresberichte von 2014 bis 2023, https://www.bundespatentgericht.de/DE/Presse/Publikationen/Bilderstrecke_Jahresbericht.html?nn=195898&cms_gcp_225314=0#gcp_anchor_225314, abgerufen am 21.12.2024. bzw. Bibliothek des Bundespatentgerichts, Jahresberichte von 2000 bis 2009, XE 180 ac 1/2000 bis XE 180 ac 1/2009.

4.2 Zeitlicher Ablauf eines deutschen Beschwerdeverfahrens

Die Abb. 4.2 zeigt den zeitlichen Ablauf eines Beschwerdeverfahrens, das innerhalb eines Monats nach Zustellung einer Entscheidung des Patentamts beantragt werden kann.[5]

4.3 Beschwer

Eine Beschwerde ist nur zulässig, falls der Beschwerdeführer eine Beschwer hat.[6] Eine Beschwer liegt vor, falls der Beschwerdeführer durch die angegriffene Entscheidung belastet ist, da das Patentamt nicht gemäß dem Antrag des Beschwerdeführers entschieden hat. Es muss daher ein objektives Interesse des Beschwerdeführers an der Änderung des angefochtenen Beschlusses bestehen. Eine Beschwer ist bereits gegeben, falls nicht entsprechend dem Hauptantrag, sondern gemäß einem Hilfsantrag entschieden wurde. Ein Anmelder ist außerdem beschwert, wenn die Anmeldeunterlagen ohne seine Zustimmung abgeändert wurden.[7]

Wird durch eine Entscheidung einer Einspruchsabteilung ein Patent nur teilweise aufrechterhalten, ist der Einsprechende beschwert, falls er den kompletten Widerruf des Patents als Hauptantrag verfolgt hat. Der Patentinhaber ist beschwert, falls er die Aufrechterhaltung des kompletten Patents beantragt hat. Außerdem hat der Einsprechende eine Beschwer, wenn das Patent aufrechterhalten wird und der Patentinhaber hat eine Beschwer, falls das Patent widerrufen wird.

4.4 Statthaftigkeit

Eine Beschwerde ist nur gegen Beschlüsse möglich, die über einen Gegenstand endgültig entscheiden. „Zwischenentscheidungen" können nicht angegriffen werden.[8]

4.5 Zulässigkeit

Eine zulässige Beschwerde ist gegeben, wenn ein beschwerdefähiger Beschluss unter Wahrung der Form und innerhalb der Beschwerdefrist von einem Monat nach Zustellung des Beschlusses angegriffen wird.[9]

---

[5] § 73 Absatz 2 Satz 1 Patentgesetz.
[6] BGH GRUR 1972, 535, 536 – Aufhebung der Geheimhaltung.
[7] BGH GRUR 1982, 291, 292 – Polyesterimide; BPatG GRUR 1983, 366, 367.
[8] BPatGE 2002, 56; BPatGE 2010, 35, 39: BPatGE 2013, 163, 164.
[9] § 73 Absatz 2 Satz 1 Patentgesetz.

Die Beschwerde ist in schriftlicher Form einzureichen. Der Beschwerde muss der Beschwerdeführer zu entnehmen sein.[10] Kann der Beschwerdeführer nicht eindeutig identifiziert werden, ist die Beschwerde unzulässig.[11] Eine Korrektur nach Ablauf der Beschwerdefrist ist unbeachtlich.

4.6 Begründetheit

Die Beschwerde ist zu begründen, das bedeutet, dass alle Tatsachen und Beweismittel vorzubringen sind, die die Beschwerde stützen.[12]

4.7 Verzicht auf Beschwerde

Es kann ein Verzicht auf eine Beschwerde erklärt werden. Wird dann dennoch frist- und formgemäß eine Beschwerde eingelegt, gilt die Beschwerde als unzulässig.[13]

---

[10] BGH 12.10.1976, X ZB 18/74, GRUR 1977, 508 –Abfangeinrichtung; BGH 7.11.1989, X ZB 24/88, GRUR 1990, 108, 109 – Messkopf.
[11] BGH GRUR 1977, 508.
[12] § 73 Absatz 3 Satz 1 Patentgesetz.
[13] BPatGE 2015, 153.

Deutsche Anmelderbeschwerde 5

Inhaltsverzeichnis

5.1 Abhilfe 52
5.2 Teilnahme des Patentamts 52
5.3 Mündliches Verfahren 52
5.4 Entscheidung über die Beschwerde 53
5.5 Kosten des Beschwerdeverfahrens 53

Ein Zurückweisungsbeschluss einer Prüfungsstelle kann mit einer Beschwerde angefochten werden.[1] Die Beschwerde muss innerhalb eines Monats nach Zustellung des angefochtenen Beschlusses beim DPMA eingereicht werden.[2] Die Beschwerde hat eine aufschiebende Wirkung.[3] Dies gilt nicht, wenn es sich bei der Erfindung um ein Staatsgeheimnis handelt und das Patentamt eine Veröffentlichung der Erfindung untersagt hat.[4]

---

[1] § 73 Absatz 1 Patentgesetz.
[2] § 73 Absatz 2 Satz 1 Patentgesetz.
[3] § 75 Absatz 1 Patentgesetz.
[4] § 75 Absatz 2 i. V. m. § 50 Absatz 1 Satz 1 Patentgesetz.

© Der/die Autor(en), exklusiv lizenziert an Springer-Verlag GmbH, DE, ein Teil von Springer Nature 2025
T. H. Meitinger, *Patenterteilung, Einspruch, Beschwerde und Nichtigkeit.*,
https://doi.org/10.1007/978-3-662-71434-8_5

5.1 Abhilfe

Die Beschwerde wird der Prüfungsstelle zugeleitet, die den angefochtenen Beschluss erstellt hat. Betrachtet die Prüfungsstelle die Beschwerde für begründet, korrigiert sie ihren Beschluss und hilft damit der Beschwerde ab.[5] Die Prüfungsstelle kann zusätzlich zur Abhilfe veranlassen, dass die Beschwerdegebühr zurückgezahlt wird.[6]

Wird der Beschwerde nicht abgeholfen, so ist die Beschwerde dem Bundespatentgericht zu übergeben. Ein Kommentar oder eine Stellungnahme der Prüfungsstelle, der Patentabteilung oder des Patentamts wird der Beschwerde nicht beigefügt.[7]

5.2 Teilnahme des Patentamts

Da sich die Beschwerden gegen das Patentamt richten, wird dem Präsidenten des Patentamts die Möglichkeit eingeräumt, schriftliche Erklärungen abzugeben, dem mündlichen Verfahren beiwohnen und in diesem sich zu Wort melden. Allerdings ist eine Teilnahme des Präsidenten des Patentamts nur statthaft, wenn dies zur Wahrung des öffentlichen Interesses geboten ist.[8] Außerdem kann der Präsident des Patentamts schriftliche Erklärungen beim Bundespatentgericht abgeben, die den Beteiligten zu übermitteln sind.[9]

Betrifft die Beschwerde einen Gegenstand von grundsätzlicher Bedeutung, kann das Bundespatentgericht dem Präsidenten des Patentamts anheimgeben, dem Beschwerdeverfahren beizutreten.[10] Durch den Beitritt zum Beschwerdeverfahren wird der Präsident des Patentamts zum Beteiligten des Beschwerdeverfahrens.[11]

5.3 Mündliches Verfahren

Das Beschwerdeverfahren umfasst in aller Regel eine mündliche Verhandlung vor dem Bundespatentgericht. Voraussetzung hierzu ist, dass der Beschwerdeführer einen Antrag auf eine mündliche Verhandlung stellt.[12] Außerdem findet eine mündliche Verhandlung statt, wenn das Bundespatentgericht dies für sachdienlich erachtet[13] oder Beweis erhoben wird[14].

---

[5] § 73 Absatz 3 Satz 1 Patentgesetz.
[6] § 73 Absatz 3 Satz 2 Patentgesetz.
[7] § 73 Absatz 3 Satz 3 Patentgesetz.
[8] § 76 Satz 1 Patentgesetz.
[9] § 76 Satz 2 Patentgesetz.
[10] § 77 Satz 1 Patentgesetz.
[11] § 77 Satz 2 Patentgesetz.
[12] § 78 Nr. 1 Patentgesetz.
[13] § 78 Nr. 3 Patentgesetz.
[14] § 78 Nr. 2 Patentgesetz.

5.4 Entscheidung über die Beschwerde

Das Beschwerdeverfahren endet mit einem Beschluss.[15] Eine unzulässige Beschwerde wird verworfen.[16] Eine Beschwerde ist unzulässig, wenn sie nicht statthaft ist oder nicht in der gesetzlichen Form und Frist eingelegt wurde.[17] In diesem Fall ergeht der Beschluss ohne eine mündliche Verhandlung.[18]

Außerdem kann das Bundespatentgericht die angefochtene Entscheidung aufheben, ohne selbst eine Entscheidung zu fällen.[19] Dies erfolgt insbesondere, falls das DPMA noch nicht in der Sache entschieden hat, das angefochtene Verfahren vor dem DPMA einen wesentlichen Fehler aufweist, der vom DPMA korrigiert werden kann, oder wesentliche Tatsachen neu aufgetaucht sind, die das DPMA noch nicht berücksichtigen konnte.[20]

Hebt das Bundespatentgericht eine Entscheidung des DPMA auf, fügt es dem Beschluss eine rechtliche Bewertung bei, an die sich das DPMA zu halten hat.[21]

5.5 Kosten des Beschwerdeverfahrens

Innerhalb der Beschwerdefrist ist eine Beschwerdegebühr zu entrichten. Ansonsten ist die Beschwerde unzulässig und wird ohne weitere Schritte verworfen.

Das Bundespatentgericht kann veranlassen, dass die Beschwerdegebühr zurückgezahlt wird, wenn dies der Billigkeit entspricht.[22] Das Bundespatentgericht kann dem DPMA die Kosten des Verfahrens, und insbesondere die Kosten des Beschwerdeführers auferlegen. Dies ist allerdings nur möglich, wenn der Präsident des DPMA Beteiligter im Beschwerdeverfahren war und er außerdem mindestens einen Antrag gestellt hat.[23]

---

[15] § 79 Absatz 1 Patentgesetz.
[16] § 79 Absatz 2 Patentgesetz.
[17] § 79 Absatz 2 Satz 1 Patentgesetz.
[18] § 79 Absatz 2 Satz 2 Patentgesetz.
[19] § 79 Absatz 3 Patentgesetz.
[20] § 79 Absatz 3 Satz 1 Patentgesetz.
[21] § 79 Absatz 3 Satz 2 Patentgesetz.
[22] § 80 Absatz 3 Patentgesetz.
[23] § 80 Absatz 2 Patentgesetz.

Deutsche Einspruchsbeschwerde

Inhaltsverzeichnis

6.1 Zeitlicher Ablauf eines Einspruchsbeschwerdeverfahrens.......................... 55
6.2 Bedeutung der Einspruchsbeschwerde vor dem BPatG........................ 55

Die Einspruchsbeschwerde ist das Rechtsmittel gegen die Entscheidung über einen Einspruch. Eine Einspruchsbeschwerde wird vor dem Bundespatentgericht verhandelt.

6.1 Zeitlicher Ablauf eines Einspruchsbeschwerdeverfahrens

Die Abb. 6.1 zeigt den chronologischen Ablauf eines Beschwerdeverfahrens als Rechtsmittel gegen die Entscheidung nach einem Einspruchsverfahren. In aller Regel ist mit der abschließenden mündlichen Verhandlung vor dem Bundespatentgericht nach ungefähr zwei bis vier Jahren nach der mündlichen Verhandlung vor der Einspruchsabteilung zu rechnen.

6.2 Bedeutung der Einspruchsbeschwerde vor dem BPatG

Die Abb. 6.2 verdeutlicht, dass die Bedeutung der Einspruchsbeschwerde sehr gering ist. Im Jahr 2023 wurden gerade einmal 2 Einspruchsbeschwerden beim Bundespatentgericht eingereicht. In den beiden Jahren zuvor keine einzige. Insgesamt wurden im Zeitraum von 2007 bis 2023 nur 43 Einspruchsbeschwerden beim Bundespatentgericht eingereicht. In demselben Zeitraum wurden 7023 Einsprüche erhoben, sodass nur bei

© Der/die Autor(en), exklusiv lizenziert an Springer-Verlag GmbH, DE, ein Teil von Springer Nature 2025
T. H. Meitinger, *Patenterteilung, Einspruch, Beschwerde und Nichtigkeit.*,
https://doi.org/10.1007/978-3-662-71434-8_6

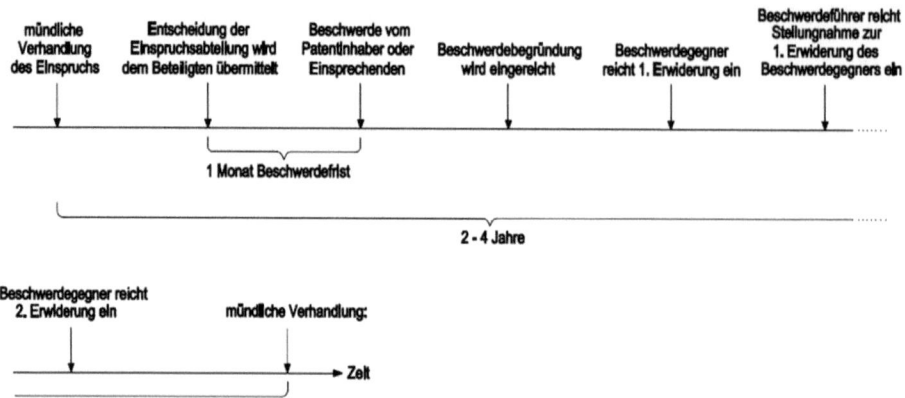

Abb. 6.1 Zeitlicher Ablauf eines Einspruchsbeschwerdeverfahrens

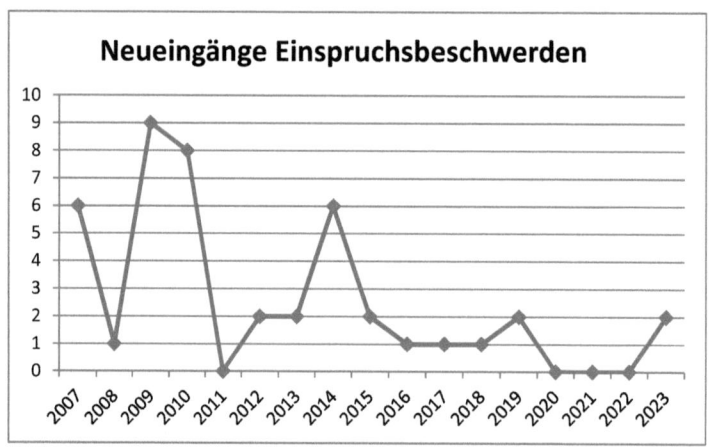

Abb. 6.2 Neueingänge von Einspruchsbeschwerden von 2007 bis 2023[1]

ungefähr 0,6 % der Einsprüche einer der Einspruchsbeteiligten eine Beschwerde einlegt hat. Das bedeutet, dass in 99,4 % der Einspruchsverfahren die Entscheidung über den Einspruch nicht angefochten wird.

---

[1] Bundespatentgericht, Jahresberichte von 2014 bis 2023, https://www.bundespatentgericht.de/DE/Presse/Publikationen/Bilderstrecke_Jahresbericht.html?nn=195898&cms_gcp_225314=0#gcp_anchor_225314, abgerufen am 21.12.2024. bzw. Bibliothek des Bundespatentgerichts, Jahresberichte von 2007 bis 2009, XE 180 ac 1/2000 bis XE 180 ac 1/2009.

Gebrauchsmusterlöschungsverfahren

7

Inhaltsverzeichnis

7.1 Zeitlicher Ablauf eines Löschungsverfahrens 57
7.2 Verfahren 58
7.3 Entscheidung der Gebrauchsmusterabteilung 59
7.4 Kosten des Verfahrens 59

Ein Antrag auf Löschung eines Gebrauchsmusters wird von der Gebrauchsmusterabteilung des deutschen Patentamts bearbeitet.[1] Eine mündliche Verhandlung findet nur statt, wenn sie von einem Beteiligten beantragt wurde oder wenn das Patentamt eine mündliche Verhandlung für sachdienlich erachtet.[2]

7.1 Zeitlicher Ablauf eines Löschungsverfahrens

Die Abb. 7.1 zeigt den zeitlichen Ablauf des Gebrauchsmusterlöschungsverfahrens, bei dem der Gebrauchsmusterinhaber einen Widerspruch einlegen muss, um sein Schutzrecht zu verteidigen. Zur Vorbereitung der mündlichen Verhandlung können vor der mündlichen Verhandlung Schriftsätze der Beteiligten ausgetauscht werden, wobei der Gebrauchsmusterinhaber zunächst auf die Begründung des Antrags erwidern kann und danach der Antragsteller auf die Erwiderung eine Stellungnahme bei der Gebrauchsmusterabteilung einreichen wird. Schließlich wird dem Gebrauchsmusterinhaber noch

---

[1] § 17 Absatz 3 Satz 1 Gebrauchsmustergesetz.
[2] § 17 Absatz 2 Satz 5 Gebrauchsmustergesetz.

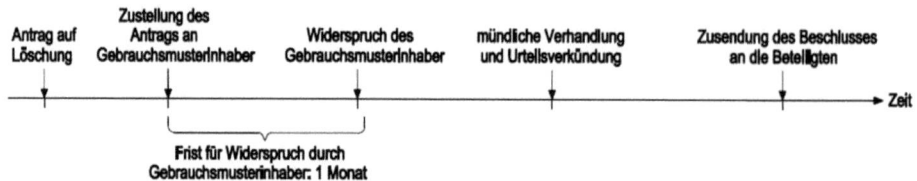

Abb. 7.1 Zeitlicher Ablauf eines Gebrauchsmusterlöschungsverfahrens

einmal Gelegenheit gegeben, sein Gebrauchsmuster zu verteidigen. Eine mündliche Verhandlung findet nur statt, wenn dies einer der Beteiligten beantragt oder die Gebrauchsmusterabteilung es für sachdienlich erachtet.[3]

7.2 Verfahren

Ein Gebrauchsmusterlöschungsverfahren beginnt auf Antrag. Der Antrag ist schriftlich beim Deutschen Patent- und Markenamt einzureichen.[4] Außerdem sind die Tatsachen anzugeben, die den Antrag auf Löschung stützen.[5]

Das Deutsche Patent- und Markenamt übermittelt dem Inhaber des angegriffenen Gebrauchsmusters den Antrag auf Löschung und gibt ihm innerhalb einer Frist von einem Monat die Möglichkeit zu widersprechen.[6] Widerspricht der Inhaber nicht, wird das Gebrauchsmuster gelöscht (Säumnisentscheidung).[7]

Widerspricht der Inhaber des Gebrauchsmusters der Löschung, wird der Widerspruch dem Antragsteller zugesandt.[8] Die Gebrauchsmusterabteilung wird eine mündliche Verhandlung terminieren, falls sie es für sachdienlich erachtet oder einer der Beteiligten dies beantragt.[9]

---

[3] § 17 Absatz 2 Satz 5 Gebrauchsmustergesetz.
[4] § 16 Satz 1 Gebrauchsmustergesetz.
[5] § 16 Satz 2 Gebrauchsmustergesetz.
[6] § 17 Satz 1 Gebrauchsmustergesetz.
[7] § 17 Satz 2 Gebrauchsmustergesetz.
[8] § 17 Absatz 2 Satz 1 Gebrauchsmustergesetz.
[9] § 17 Absatz 2 Satz 5 Gebrauchsmustergesetz.

7.3 Entscheidung der Gebrauchsmusterabteilung

Die Gebrauchsmusterabteilung entscheidet durch Beschluss über den Antrag zur Löschung des Gebrauchsmusters.[10] Der Beschluss ist mit Gründen zu versehen.[11] Der Beschluss kann direkt nach der mündlichen Verhandlung verkündet werden.[12]

Die Entscheidung der Gebrauchsmusterabteilung des Deutschen Patent- und Markenamts kann mit einer Beschwerde vor dem Bundespatentgericht angefochten werden.[13]

7.4 Kosten des Verfahrens

Die Gebrauchsmusterabteilung entscheidet im Beschluss über die Auferlegung der Kosten.[14] Eine Kostenentscheidung wird nur auf Antrag gefällt, wenn zur Hauptsache von der Gebrauchsmusterabteilung kein Beschluss gefasst wird.[15] Der Gegenstandswert wird auf Antrag der Beteiligten durch Beschluss der Gebrauchsmusterabteilung bestimmt.[16] Der Gegenstandswert des Löschungsverfahrens stellt die Basis zur Berechnung der Kosten dar.

---

[10] § 17 Absatz 3 Satz 1 Gebrauchsmustergesetz.
[11] § 17 Absatz 3 Satz 2 Gebrauchsmustergesetz.
[12] § 17 Absatz 3 Satz 6 Gebrauchsmustergesetz.
[13] § 18 Absatz 1 Gebrauchsmustergesetz.
[14] § 17 Absatz 4 Satz 1 Gebrauchsmustergesetz.
[15] § 17 Absatz 4 Satz 2 Gebrauchsmustergesetz.
[16] § 17 Absatz 5 Satz 1 Gebrauchsmustergesetz.

Gebrauchsmusterbeschwerdeverfahren 8

Inhaltsverzeichnis

8.1 Bedeutung des Gebrauchsmusterbeschwerdeverfahrens 61
8.2 Aussetzung 61
8.3 Zulassung der Rechtsbeschwerde 62

Die Beschlüsse der Gebrauchsmusterstellen und der Gebrauchsmusterabteilungen können mit der Beschwerde angefochten werden. Die Beschwerde findet vor dem Bundespatentgericht statt.[1]

8.1 Bedeutung des Gebrauchsmusterbeschwerdeverfahrens

Die Abb. 8.1 zeigt die Entwicklung der Fallzahlen der Gebrauchsmusterbeschwerdeverfahren vor dem Bundespatentgericht. Die Neueingänge haben im Zeitraum von 2000 bis 2023 um ca. 24 % abgenommen.

8.2 Aussetzung

Wird gegen die Entscheidung der Gebrauchsmusterabteilung über den Antrag auf Löschung eines Gebrauchsmusters vor dem Gebrauchsmusterbeschwerdesenat verhandelt, kann der Senat anordnen, dass parallele Verfahren, deren Ausgang wesentlich von dem

---

[1] § 18 Absatz 1 Gebrauchsmustergesetz.

© Der/die Autor(en), exklusiv lizenziert an Springer-Verlag GmbH, DE, ein Teil von Springer Nature 2025
T. H. Meitinger, *Patenterteilung, Einspruch, Beschwerde und Nichtigkeit.*,
https://doi.org/10.1007/978-3-662-71434-8_8

Abb. 8.1 Neueingänge von Gebrauchsmusterbeschwerden von 2000 bis 2023[2]

Bestehen des Gebrauchsmusters abhängt, bis zur Entscheidung des Gebrauchsmusterbeschwerdesenats ausgesetzt werden.[3] Hält der Beschwerdesenat das Gebrauchsmuster für löschungsreif, muss es die Aussetzung anordnen.[4]

8.3 Zulassung der Rechtsbeschwerde

Eine Rechtsbeschwerde zur rechtlichen Überprüfung der Beschwerde vor dem Bundesgerichtshof bedarf der Zulassung durch den Beschwerdesenat des Bundespatentgerichts.[5]

---

[2] Bundespatentgericht, Jahresberichte von 2014 bis 2023, https://www.bundespatentgericht.de/DE/Presse/Publikationen/Bilderstrecke_Jahresbericht.html?nn=195898&cms_gcp_225314=0#gcp_anchor_225314, abgerufen am 21.12.2024. bzw. Bibliothek des Bundespatentgerichts, Jahresberichte von 2007 bis 2009, XE 180 ac 1/2000 bis XE 180 ac 1/2009.
[3] § 19 Satz 1 Gebrauchsmustergesetz.
[4] § 19 Satz 2 Gebrauchsmustergesetz.
[5] § 18 Absatz 4 Satz 1 Gebrauchsmustergesetz.

9 Rechtsbeschwerde vor dem BGH

Inhaltsverzeichnis

9.1 Zeitlicher Ablauf einer Rechtsbeschwerde 63
9.2 Zulassung der Rechtsbeschwerde 64
9.3 Rechtsbeschwerde ohne Zulassung 64
9.4 Rechtsverletzung 65
9.5 Begründung der Rechtsbeschwerde 65
9.6 Verfahren 65
9.7 Kosten der Rechtsbeschwerde 66
9.8 Zugelassener Rechtsanwalt 66

Gegen die Beschlüsse der Beschwerdesenate des Bundespatentgerichts findet die Rechtsbeschwerde vor dem Bundesgerichtshof statt. Eine Rechtsbeschwerde wird vor der X. Kammer des Bundesgerichtshofs verhandelt.

Eine Rechtsbeschwerde ist nur in seltenen Ausnahmefällen statthaft. Insbesondere ist eine Rechtsbeschwerde möglich, falls sie zugelassen wird oder das Verfahren oder der Beschluss des Bundespatentgerichts grobe Fehler aufweist.

9.1 Zeitlicher Ablauf einer Rechtsbeschwerde

Die Abb. 9.1 zeigt den zeitlichen Ablauf eines Rechtsbeschwerdeverfahrens, wobei ab der Zustellung des anzufechtenden Beschlusses des Bundespatentgerichts innerhalb eines Monats eine Rechtsbeschwerde eingelegt werden kann.[1]

---

[1] § 102 Absatz 1 Patentgesetz.

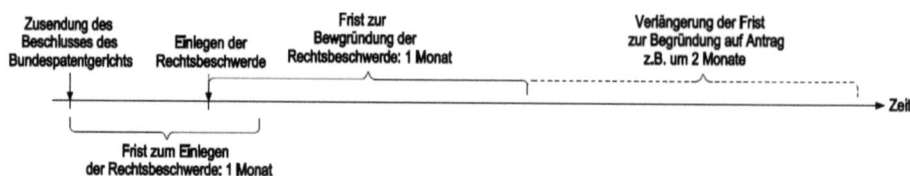

Abb. 9.1 Zeitlicher Ablauf eines Rechtsbeschwerdeverfahrens

Die Rechtsbeschwerde ist zu begründen.[2] Die Begründung ist innerhalb eines Monats nach Einlegung der Rechtsbeschwerde beim Bundesgerichtshof einzureichen.[3] Die Frist von einem Monat zur Ausarbeitung einer Begründung einer Rechtsbeschwerde ist kurz. Es ist daher zu empfehlen, beim Vorsitzenden der befassten Kammer eine Fristverlängerung, beispielsweise um zwei Monate, zu beantragen.[4] Es kann davon ausgegangen werden, dass der Fristverlängerung stattgegeben wird.

9.2 Zulassung der Rechtsbeschwerde

Das Bundespatentgericht hat eine Rechtsbeschwerde zuzulassen, falls eine grundsätzliche Rechtsfrage zu klären ist, die eine zukünftig einheitliche Rechtsprechung ermöglicht.[5] Außerdem ist eine Rechtsbeschwerde zuzulassen, falls Gesetzeslücken durch richterliche Rechtsfortbildung zu schließen sind.[6]

9.3 Rechtsbeschwerde ohne Zulassung

Eine zulassungsfreie Rechtsbeschwerde ist insbesondere statthaft wenn das Rechtsprinzip des rechtlichen Gehörs verletzt wurde, wenn also der Rechtsbeschwerdeführer sich nicht zu entscheidungserheblichen Umständen äußern konnte.[7] Der zweite bedeutsame Grund, der zu einer zulassungsfreien Rechtsbeschwerde führt, ist gegeben, wenn der angefochtene Beschluss des Bundespatentgerichts nicht mit Gründen versehen ist.[8]

---

[2] § 102 Absatz 3 Satz 1 Patentgesetz.
[3] § 102 Absatz 3 Satz 2 Patentgesetz.
[4] § 102 Absatz 3 Satz 2 Patentgesetz.
[5] § 100 Absatz 2 Nr. 1 Patentgesetz.
[6] § 100 Absatz 2 Nr. 2 Patentgesetz.
[7] § 100 Absatz 3 Nr. 3 Patentgesetz.
[8] § 100 Absatz 3 Nr. 6 Patentgesetz.

9.4 Rechtsverletzung

Nur ein Beteiligter eines Beschwerdeverfahrens kann eine Rechtsbeschwerde erheben.[9] Mit einer Rechtsbeschwerde kann nur eine Rechtsverletzung zum Gegenstand einer Verhandlung vor dem Bundesgerichtshof gemacht werden.[10]

9.5 Begründung der Rechtsbeschwerde

Die Begründung der Rechtsbeschwerde muss erklären, in welchem Umfang der Beschluss des Bundespatentgerichts angegriffen wird.[11] Die Begründung muss die Rechtsnorm enthalten, die angeblich von der Vorinstanz verletzt wurde.[12] Wird durch die Rechtsbeschwerde das Beschwerdeverfahren vor dem Bundespatentgericht angefochten, sind die Tatsachen zu nennen, durch die sich die Rechtsverletzung ergibt.[13]

9.6 Verfahren

Der Bundesgerichtshof wird zunächst die eingelegte Rechtsbeschwerde auf Zulässigkeit prüfen.[14] Wurde die Rechtsbeschwerde nicht innerhalb der gesetzlichen Fristen eingelegt und begründet bzw. wurde die Rechtsbeschwerde nicht zugelassen oder liegt keine zulassungsfreie Rechtsbeschwerde vor, wird die Rechtsbeschwerde als unzulässig verworfen.[15]

Ist die Rechtsbeschwerde zulässig, wird der Beschwerdeschriftsatz den anderen Beteiligten übermittelt. Außerdem wird den anderen Beteiligten die Möglichkeit eröffnet, innerhalb einer vorgegebenen Frist Erklärungen abzugeben.[16]

Wird der angefochtene Beschluss des Bundespatentgerichts aufgehoben und an das Bundespatentgericht zurückverwiesen, ist das Bundespatentgericht an die rechtliche Beurteilung durch den Bundesgerichtshof gebunden.[17]

---

[9] § 101 Absatz 1 Patentgesetz.
[10] § 101 Absatz 2 Satz 1 Patentgesetz.
[11] § 102 Absatz 4 Nr. 1 Patentgesetz.
[12] § 102 Absatz 4 Nr. 2 Patentgesetz.
[13] § 102 Absatz 4 Nr. 3 Patentgesetz.
[14] § 104 Satz 1 Patentgesetz.
[15] § 104 Satz 2 Patentgesetz.
[16] § 105 Absatz 1 Satz 1 Patentgesetz.
[17] § 108 Patentgesetz.

9.7 Kosten der Rechtsbeschwerde

Die Kosten des Verfahrens können einem Beteiligten auferlegt werden, wenn dies der Billigkeit entspricht. Dies gilt jedoch nur für diejenigen Kosten, die durch das Verfahren erforderlich waren.[18] Ist die Rechtsbeschwerde unzulässig oder wird die Rechtsbeschwerde zurückgewiesen, hat der Beschwerdeführer die Kosten zu tragen.[19] Entstehen Kosten durch grobes Verschulden eines Beteiligten, werden diesem die Kosten auferlegt.[20] War der Präsident des DPMA Beteiligter, können ihm nur dann Kosten auferlegt werden, wenn er die Rechtsbeschwerde eingelegt oder Anträge gestellt hat.[21]

9.8 Zugelassener Rechtsanwalt

Im Verfahren vor dem Bundesgerichtshof müssen sich die Beteiligten durch einen beim Bundesgerichtshof zugelassenen Rechtsanwalt, sogenannter BGH-Anwalt, vertreten lassen.

---

[18] § 109 Absatz 1 Satz 1 Patentgesetz.
[19] § 109 Absatz 1 Satz 2 Patentgesetz.
[20] § 109 Absatz 1 Satz 3 Patentgesetz.
[21] § 109 Absatz 2 Patentgesetz.

Nichtigkeitsverfahren 10

Inhaltsverzeichnis

10.1 Bedeutung des Nichtigkeitsverfahrens. 68
10.2 Zeitlicher Ablauf eines Nichtigkeitsverfahrens 68
10.3 Zulässigkeit 69
10.4 Nichtigkeitsgründe. 70
10.5 Aussetzung. 72
10.6 Abgrenzung des Nichtigkeitsverfahrens zum Einspruchsverfahren 74
10.7 Beispiel 75

Mit einem Nichtigkeitsverfahren kann ein deutsches oder ein europäisches Patent, das für Deutschland wirksam ist, angegriffen werden. Vor dem Bundespatentgericht kann Klage auf Erklärung der Nichtigkeit eines Patents erhoben werden.[1] Die Klage ist gegen den im Register eingetragenen Patentinhaber zu richten.[2]

Das Nichtigkeitsverfahren ist ein streitiges Verfahren, bei dem sich ein Nichtigkeitskläger und ein Patentinhaber gegenüber stehen. Die Nichtigkeitsklage stellt eine Gestaltungsklage dar, bei der das Streitpatent widerrufen oder in geänderter Form aufrecht gehalten werden kann. Ist die Nichtigkeitsklage erfolglos, wird die Klage zurückgewiesen.

Im erstinstanzlichen Nichtigkeitsverfahren vor dem Bundespatentgericht besteht kein Anwaltszwang. Im Gegensatz dazu besteht im Nichtigkeitsberufungsverfahren vor dem Bundesgerichtshof Anwaltszwang. Allerdings ist angesichts der Komplexität des Ver-

---

[1] § 81 Absatz 1 Satz 1 Patentgesetz.
[2] § 81 Absatz 1 Satz 2 Patentgesetz.

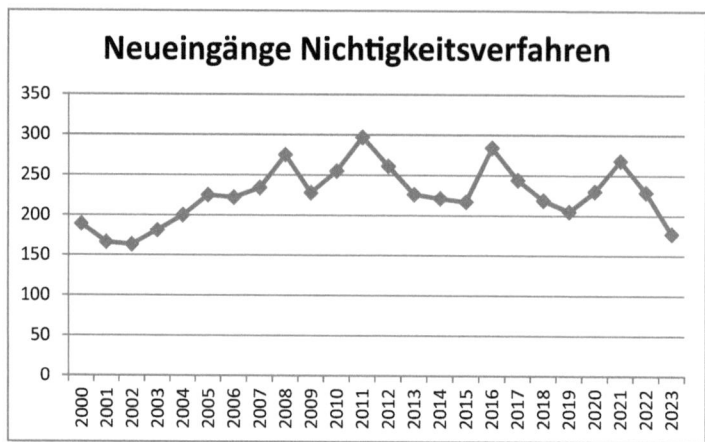

Abb. 10.1 Neueingänge von Nichtigkeitsklagen von 2000 bis 2023[3]

fahrens eine Vertretung durch einen Patentanwalt oder einen erfahrenen Rechtsanwalt zu empfehlen. Es kann bei rechtlich und technisch anspruchsvollen Streitgegenständen sogar angeraten sein, sich durch einen Patent- und zusätzlich einen Rechtsanwalt vertreten zu lassen.

10.1 Bedeutung des Nichtigkeitsverfahrens

Die Abb. 10.1 zeigt die jährliche Anzahl der Neueingänge von Nichtigkeitsklagen. Die Darstellung zeigt, dass die Anzahl der Nichtigkeitsfälle relativ gering ist und zwischen 300 und 150 Fälle schwankt. Im Jahr 2023 gingen beim Bundespatentgericht nur 177 neue Anträge auf Nichtigerklärung ein. Im Zeitraum von 2000 bis 2023 nahm die Zahl der Nichtigkeitsklagen, die jährlich erhoben wurden, um ca. 6 % ab.

10.2 Zeitlicher Ablauf eines Nichtigkeitsverfahrens

Die Abb. 10.2 zeigt den zeitlichen Ablauf des Nichtigkeitsverfahrens, wobei die Darstellung verkürzt dargestellt ist, da dem Nichtigkeitskläger noch eine Möglichkeit der Stellungnahme zur Begründung des Widerspruchs des Patentinhabers und dem Patent-

---

[3] Bundespatentgericht, Jahresberichte von 2014 bis 2023, https://www.bundespatentgericht.de/DE/Presse/Publikationen/Bilderstrecke_Jahresbericht.html?nn=195898&cms_gcp_225314=0#gcp_anchor_225314, abgerufen am 21.12.2024. bzw. Bibliothek des Bundespatentgerichts, Jahresberichte von 2000 bis 2009, XE 180 ac 1/2000 bis XE 180 ac 1/2009.

10.3 Zulässigkeit

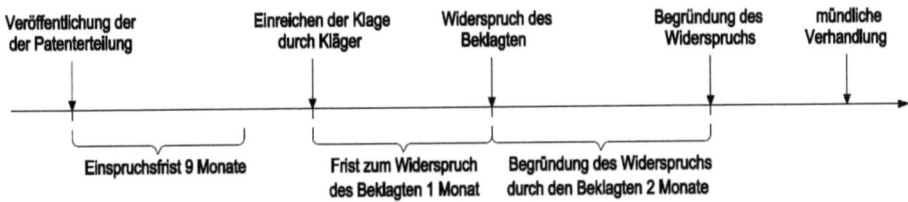

Abb. 10.2 Zeitlicher Ablauf eines Nichtigkeitsverfahrens

inhaber eine Stellungnahme auf die Eingabe des Klägers gegeben wird, um die mündliche Verhandlung vor dem Nichtigkeitssenat des Bundespatentgerichts gründlich vorzubereiten.

10.3 Zulässigkeit

Angesichts der Tatsache, dass eine Nichtigkeitsklage jederzeit eingereicht werden kann, sind Mängel der Zulässigkeit durch Nachreichung heilbar. Allerdings können Mängel der Zulässigkeit zu unerwünschten Prozessverzögerungen führen.

Die Klage ist unzulässig, falls die Frist zur Einlegung eines Einspruchs noch nicht abgelaufen ist bzw. solange noch ein Einspruchsverfahren anhängig ist.[4]

Die Klage kann von jedermann erhoben werden. Es ist kein rechtliches Interesse erforderlich. Allerdings kann mit dem Klagegrund der widerrechtlichen Entnahme nur der Verletzte Klage erheben.[5]

Die Klage ist schriftlich zu erheben.[6] Die Klageschrift und die Unterlagen der Klage werden vom Bundespatentgericht dem Patentinhaber übermittelt.[7]

Im Klageschriftsatz ist der Kläger, der Beklagte und der Streitgegenstand zu bezeichnen. Der Streitgegenstand umfasst den Klageantrag (vollständige oder teilweise Nichtigerklärung des Patents) und den Klagegrund (beispielsweise mangelnde Neuheit, fehlende erfinderische Tätigkeit, mangelnde Ausführbarkeit oder unzulässige Erweiterung).[8]

In der Klageschrift sind die Tatsachen und Beweismittel anzugeben, auf die sich die Nichtigkeitsklage stützt.[9] Die Tatsachen und Beweismittel sollten der Klageschrift beigefügt und in der Klageschrift in einer Weise beschrieben werden, dass sie ohne weiteres von einem Fachmann verstanden werden.

---

[4] § 81 Absatz 2 Satz 1 Patentgesetz.
[5] § 81 Absatz 3 Patentgesetz.
[6] § 81 Absatz 4 Satz 1 Patentgesetz.
[7] § 81 Absatz 4 Satz 3 Patentgesetz.
[8] § 81 Absatz 5 Satz 1 Patentgesetz.
[9] § 81 Absatz 5 Satz 2 Patentgesetz.

10.4 Nichtigkeitsgründe

Mit einem Nichtigkeitsverfahren kann die Rechtsbeständigkeit eines deutschen Patents und eines europäischen Patents, das für Deutschland validiert wurde, gerichtlich überprüft werden. Die Nichtigkeitsgründe für ein deutsches Patent sind in § 22 i. V. m. § 21 Patentgesetz geregelt. Für ein in Deutschland validiertes europäisches Patent gilt Artikel II § 6 IntPatÜG.

Fehlende Patentfähigkeit
Der Klagegrund der fehlenden Patentfähigkeit ist gegeben, falls die Bestimmungen der §§ 1 bis 5 Patentgesetz zutreffen. Fehlende Patentfähigkeit liegt vor, falls:

- **keine Technizität gegeben ist,**[10] das Patentrecht ist nur technischen Erfindungen zugänglich, wobei der Gesetzgeber nicht definiert hat, was eine „Erfindung" nach dem Patentgesetz ist. Diese Lücke wurde vom Gesetzgeber ganz bewusst der Rechtspraxis des Patentamts und vor allem der Rechtsprechung des Bundespatentgericht und dem Bundesgerichtshof gelassen. Hierdurch wird eine kontinuierliche Anpassung des Begriffs der Erfindung an das aktuelle Technikverständnis ermöglicht.
- **falls es sich um Entdeckungen, wissenschaftliche Theorien oder mathematische Methoden handelt,**[11] das Patentrecht dient nicht der Förderung der wissenschaftlichen Forschung, sondern der Entwicklung der Technologie.
- **ein ästhetisches Design ohne technische Funktion vorliegt,**[12] das Patentrecht ist nicht ästhetischen Formschöpfungen zugänglich. Für ästhetische Gestaltungen kann ein Designschutz nach dem Designgesetz angestrebt werden.
- **Pläne, Regeln und Verfahren für gedankliche Tätigkeiten, für Spiele oder für geschäftliche Tätigkeiten (beispielsweise ein Geschäftsmodell) oder Computerprogramme,**[13] insbesondere Geschäftsmodelle können nicht patentiert werden. Nur Computerprogramme „als solche" sind vom Patentschutz ausgeschlossen. Weist ein Computerprogramm technische Merkmale auf, so ist es dennoch patentfähig.
- die reine Wiedergabe von Informationen,[14]
- **Erfindung verstößt gegen die öffentliche Ordnung oder die guten Sitten,**[15]
- **fehlende Neuheit,**[16]

---

[10] § 21 Absatz 1 Nr. 1 i. V. m. § 1 Absatz 1 Patentgesetz.
[11] § 21 Absatz 1 Nr. 1 i. V. m. § 1 Absatz 3 Nr. 1 Patentgesetz.
[12] § 21 Absatz 1 Nr. 1 i. V. m. § 1 Absatz 3 Nr. 2 Patentgesetz.
[13] § 21 Absatz 1 Nr. 1 i. V. m. § 1 Absatz 3 Nr. 3 Patentgesetz.
[14] § 21 Absatz 1 Nr. 1 i. V. m. § 1 Absatz 3 Nr. 4 Patentgesetz.
[15] § 21 Absatz 1 Nr. 1 i. V. m. § 2 Absatz 1 Patentgesetz.
[16] § 21 Absatz 1 Nr. 1 i. V. m. § 3 Absatz 1 Satz 1 Patentgesetz.

10.4 Nichtigkeitsgründe

- **keine erfinderische Tätigkeit**[17] oder
- **keine gewerbliche Anwendbarkeit vorliegt.**[18] Der Widerrufsgrund der mangelnden gewerblichen Anwendbarkeit spielt in der Praxis keine Rolle, da es kaum ein Produkt geben wird, das nicht handelbar ist.

Außerdem sind Klagegründe:

- **keine deutliche und vollständige Offenbarung der Erfindung im Patent.**[19] Eine Erfindung ist ausführbar, wenn ein Fachmann ohne erfinderische Tätigkeit die Erfindung entsprechend der Beschreibung ausführen kann. Dem Fachmann ist dabei eine kreative Leistung und in einem gewissen Umfang Experimente zuzumuten, allerdings ohne dabei die Qualität einer erfinderischen Tätigkeit nach dem Patentgesetz zu erreichen. Der Fachmann muss daher auf Basis seines Fachwissens und Fachkönnens die Erfindung realisieren können und dabei keine zu großen Schwierigkeiten überwinden müssen, um den erfinderischen Effekt zu erzeugen.[20] Es ist dabei nicht erforderlich, dass alle zur Realisierung der Erfindung erforderlichen Merkmale im Patentanspruch enthalten sind. Es genügt, wenn der Fachmann aus dem Anspruch mittels der Beschreibung der Patentschrift die Erfindung ausführen kann.[21] Insbesondere gilt, dass es genügen kann, dem Fachmann die Richtung vorzugeben, um zur Erfindung zu gelangen.[22] Es ist nicht erforderlich, das präsente Fachwissen in der Patentanmeldung zu beschreiben.[23]
- **Unzulässige Änderung der ursprünglichen Offenbarung,**[24] der Nichtigkeitsgrund liegt vor, falls die Offenbarung des Patents über dasjenige hinausgeht, das am Anmeldetag beim Patentamt eingereicht wurde.
- **Erweiterung des Schutzbereichs des Patents**[25] liegt vor, falls die aktuelle Offenbarung der Patentschrift gegenüber einer bereits patentierten Fassung hinausgeht. Der Nichtigkeitsgrund ist gegeben, wenn eine Ausführungsform nach dem Wortlaut eines Patentanspruchs in einer vorhergehenden Fassung des Patents nicht enthalten ist.[26]

---

[17] § 21 Absatz 1 Nr. 1 i. V. m. § 4 Satz 1 Patentgesetz.
[18] § 21 Absatz 1 Nr. 1 i. V. m. § 5 Patentgesetz.
[19] § 21 Absatz 1 Nr. 2.
[20] BGH GRUR 2010, 901 polymerisierbare Zementmischung; BGH GRUR 1984, 272 Isolierglasscheibenrandfugenfüllvorrichtung; BGH Mitt. 2002, 176 Gegensprechanlage; BGH GRUR 1980, 166, 168 Doppelachsaggregat; BGH GRUR 2010, 916 Klmmernahtgerät.
[21] BGH GRUR 1998, 899, 900 Alpinski; BGH GRUR 2003, 223, 225 Kupplungsvorrichtung II.
[22] BGH GRUR 1979, 461 Farbbildröhre.
[23] BGH GRUR 1984, 272 isolierglasscheibenrandfugenfüllvorrichtung.
[24] § 21 Absatz 1 Nr. 4 1. Halbsatz Patentgesetz.
[25] § 22 Absatz 1 Patentgesetz.
[26] BGH GRUR 2010, 1084 Windenergiekonverter.

Werden Merkmale zu einem Patentanspruch zusammengestellt, die in der Patentschrift nicht aufeinander bezogen sind, kann bereits eine unzulässige Erweiterung vorliegen.
- **Widerrechtliche Entnahme,** bei der widerrechtlichen Entnahme ist nicht die Patentfähigkeit, sondern die Berechtigung des Patentinhabers zu prüfen.

Folgende mögliche Mängel können **keine** Nichtigkeitsklage begründen:

- fehlerhafte Inanspruchnahme einer Priorität
- Mängel des Erteilungsverfahrens[27]
- mangelnde Einheitlichkeit[28]
- Nichtlösung der Aufgabe,
- Ausführungsbeispiel in der Beschreibung, das nicht im Schutzumfang enthalten ist,
- der Patentinhaber hat kein Rechtsschutzinteresse am Patent,[29]
- Product-by-process-Anspruch, obwohl eine andere Anspruchsfassung möglich wäre.[30] Ein Product-by-process-Anspruch beschreibt eine Vorrichtung durch das Herstellverfahren, statt die einzelnen Bestandteile der Vorrichtung aufzuführen.
- mangelnde Klarheit,
- Doppelpatentierung,[31]
- falsche Erfinderbenennung und
- Patenterschleichung.[32] Eine Patenterschleichung ergibt sich beispielsweise durch falsche Angaben beim Patenterteilungsverfahren, falls es aufgrund dieser Angaben zu einer Patenterteilung kommt.

10.5 Aussetzung

Das Trennungsprinzip in Deutschland besagt, dass ein Verfahren wegen der Verletzung eines Patents und ein Nichtigkeitsverfahren gegen dasselbe Patent in zwei unterschiedlichen Verfahren vor unterschiedlichen Gerichten geführt werden.[33]

---

[27] BGH GRUR 1965, 473 Dauerwellen I.
[28] BGH Liedl 1967/1968 Warenzufuhrvorrichtung.
[29] BGH GRUR 1991, 376 beschusshemmende Metalltür.
[30] BGH GRUR 1997, 612 Polyäthylenfilamente.
[31] BGH GRUR 1991, 376 beschusshemmende Metalltür.
[32] BGH GRUR 1954, 107 Mehrfachschelle.
[33] Pagenberg GRUR Int. 2010, 195.

10.5 Aussetzung

In Deutschland kann das Verletzungsgericht[34] grundsätzlich nicht die Rechtsbeständigkeit eines erteilten Patents infrage stellen.[35] Die Rechtsbeständigkeit eines Patent kann nicht in einem Verletzungsverfahren, sondern nur in einem Einspruchs- oder Nichtigkeitsverfahren geprüft werden. In einem Verletzungsverfahren ist daher das Patent, so wie erteilt, zu akzeptieren.[36]

Damit nicht über eine Verletzung entschieden werden muss, obwohl ein aussichtsreiches Einspruchs- oder Nichtigkeitsverfahren anhängig ist, kann das Verletzungsverfahren bis zum Ende des Einspruchs- oder Nichtigkeitsverfahrens ausgesetzt werden.[37]

Die Aussetzung dient der Vermeidung widersprüchlicher Entscheidungen. Berührt daher die Entscheidung eines ersten Verfahrens wesentlich den Verlauf eines zweiten Verfahrens kann das zweite Verfahren bis zur Entscheidung im ersten Verfahren ausgesetzt werden. Wird jedoch davon ausgegangen, dass im ersten Verfahren sehr wahrscheinlich in einer Weise entschieden wird, dass das zweite Verfahren nicht in seiner Grundlage berührt wird, findet üblicherweise keine Aussetzung statt. Eine Aussetzung eines Patentverletzungsverfahrens kommt nur infrage, wenn ein Einspruch- oder Nichtigkeitsverfahren anhängig ist.

Wird ein ausländischer Teil eines europäischen Patents angegriffen, ergibt sich daraus keine Begründung für die Aussetzung eines Verletzungsverfahrens auf der Grundlage des deutschen Teils des europäischen Patents.[38]

Eine Aussetzung eines Verletzungsverfahren erfolgt nicht automatisch, falls ein Einspruch oder eine Nichtigkeitsklage erhoben werden. Zusätzlich muss eine hinreichende Erfolgswahrscheinlichkeit für das Einspruchs- oder Nichtigkeitsverfahren bestehen.[39] Bloße Zweifel an der Rechtsbeständigkeit genügen nicht, um ein Verletzungsverfahren auszusetzen. Allerdings spätestens die Nichtigerklärung durch das Bundespatentgericht rechtfertigt eine Aussetzung, auch wenn das Urteil durch eine Berufung noch anfechtbar ist.[40] Dies gilt jedoch nicht, wenn es sich bei der Entscheidung des Bundespatentgerichts um eine eindeutige Fehlentscheidung handelt.[41]

---

[34] § 143 Patentgesetz.
[35] BGH GRUR 1979, 624 umlegbare Schießscheibe; BGH GRUR 2002, 550 Richterablehnung; BGH GRUR 2004, 710 Druckmaschinentemperierungssystem I.
[36] BGH GRUR 1959, 320 Mopedkupplung; BGH GRUR 1964, 606, 609 Förderband; BGH GRUR 1970, 296 Allzwecklandmaschine; BGH GRUR 1979, 624 f. umlegbare Schießscheibe.
[37] R. Rogge GRUR Int. 1996, 386, 390; BGH GRUR 2004, 710 Druckmaschinentemperierungssystem I.
[38] OLG Düsseldorf 29.6.2000 2 U 76/99.
[39] BGH GRUR 1959, 320, 324 Mopedkupplung; OLG Düsseldorf Mitt. 1997, 257; OLG Düsseldorf 14.11.1996 2 U 28/93; OLG Düsseldorf 22.12.2008 2 U 65/07; OLG Düsseldorf 14.6.2007 2 U 135/05 GRUR-RR 2008, 333.
[40] Maltzahn GRUR 1985, 172.
[41] OLG Düsseldorf Mitt. 2008, 327 Olanzapin; Müller-Stroy/Bublak/Coehn Mitt. 2008, 335, 336.

10.6 Abgrenzung des Nichtigkeitsverfahrens zum Einspruchsverfahren

Die Nichtigkeitsgründe entsprechen im Wesentlichen den Einspruchsgründen. Ein Widerruf im Einspruchsverfahren und eine Nichtigerklärung sind für jedermann wirksam, sodass ein widerrufenes Patent gegen niemanden ein Verbietungsrecht darstellt.

- Fristen: Für einen Einspruch ist die 9-monatige Frist nach der Veröffentlichung der Erteilung des Patents zu beachten. Eine Nichtigkeitsklage ist nicht fristgebunden und kann jederzeit erhoben werden, nachdem die Einspruchsfrist abgelaufen ist bzw. ein anhängiges Einspruchsverfahren beendet wurde.
- Das Einspruchsverfahren ist ein dem Patenterteilungsverfahren nachgelagertes mit demselben im Zusammenhang stehendes Verwaltungsverfahren. Im Gegensatz dazu ist das Nichtigkeitsverfahren ein kontradiktorischer gerichtlicher Rechtsstreit, der mit einem Urteil abgeschlossen wird.
- Im erstinstanzlichen Einspruchsverfahren ist die Einspruchsabteilung nicht an die Anträge des Einsprechenden gebunden. Die Einspruchsabteilung kann neben den Widerrufsgründen, die vom Einsprechenden geltend gemacht werden, weitere Widerrufsgründe prüfen.[42] Im Nichtigkeitsverfahren ist der Nichtigkeitssenat des Bundespatentgerichts an die Nichtigkeitsgründe gebunden, die vom Nichtigkeitskläger vorgebracht werden.[43]
- Durch ein Einspruchs- oder ein Einspruchsbeschwerdeverfahren ergibt sich keine Bindung eines nachfolgenden Nichtigkeitsverfahren. Ein Einspruchsverfahren präjudiziert kein nachfolgendes Nichtigkeitsverfahren.[44] Dies gilt auch dann, wenn sich keine neuen Tatsachen oder Beweismittel ergeben.[45] Es kann daher durchaus möglich sein, dass in einem Nichtigkeitsverfahren ein Patent aufgrund eines Stands der Technik widerrufen wird, der in einem vorhergehenden Einspruchsverfahren nicht als relevant gewertet wurde.[46] Allerdings wird in einem Nichtigkeitsverfahren ein vorhergehendes Einspruchs- oder Einspruchsbeschwerdeverfahren als ein relevantes rechtliches Gutachten angesehen, dessen Würdigung der Tatsachen und Beweismittel ernst genommen wird.

---

[42] BGH GRUR 1995, 333 Aluminium-Trihydroxid; BPatG GRUR 1986, 605; BPatG GRUR 1991, 40; BPatG GRUR 2004, 356.
[43] BPatG GRUR Int. 1996, 822.
[44] BGH GRUR 2005, 967 Strahlungssteuerung.
[45] BGH GRUR 2005, 967 Strahlungssteuerung.
[46] BGH GRUR 1996, 757 Zahnkranzfräser; NGH GRUR 1996, 862, 864 Bogensegment; BGH GRUR 1998, 895 Regenbecken.

10.7 Beispiel

Es werden Auszüge aus einem realen Nichtigkeitsschriftsatz vorgestellt und diskutiert. Der Betreff einer Nichtigkeitsklage kann folgendermaßen gestaltet sein:

Aktenzeichen: y Ni xx

Nichtigkeitsklage gegen den deutschen Teil (DE 501 xx) des Europäischen Patents EP xx

Klägerin: xx oHG

Beklagte: yy KG

Unsere Akte: G0002/TM

Namens und im Auftrag unseres Mandanten, der

xx oHG

wird gegen das Europäische Patent EP xx

Nichtigkeitsklage

erhoben.

1. Merkmalsanalyse des Anspruchs 1 des Streitpatents
Zur Grundlage für die Diskussion des Gegenstands des Anspruchs 1 wird die folgende Merkmalsanalyse verwendet:

Es folgt eine Merkmalsanalyse, die gesondert im Anhang aufgenommen werden sollte. Anschließend kann der Gegenstand des Hauptanspruchs bzw. die Gegenstände der unabhängigen Ansprüche vor dem Hintergrund der Beschreibung ausgelegt werden.

Danach werden die einzelnen Dokumente des Stands der Technik aufgelistet und deren Offenbarung kurz erläutert.

In der Begründung der Klageschrift ist darzulegen, warum die unabhängigen Ansprüche die Widerrufsgründe erfüllen und daher nicht neu, nicht erfinderisch, für den Fachmann nicht ausführbar und/oder unzulässig erweitert sind.

2. Mangelnde Neuheit gegenüber DE xx (NK3a)
Die Offenlegungsschrift DE xx beschreibt eine Ausführungsform eines Werkzeugs gemäß den Fig....

Es ergeben sich daher aus der Ausführungsform der Fig. 14, 15, 16 und 17 der NK3a sämtliche Merkmale des Gegenstands des Anspruchs 1. Der Anspruch 1 ist daher durch die NK3a neuheitsschädlich vorweggenommen.

Es ist zu beschreiben, an welcher Stelle in dem Dokument des Stands der Technik die einzelnen Merkmale des Hauptanspruchs offenbart sind, wodurch sich schließlich ergibt, dass der Hauptanspruch durch dieses Dokument neuheitsschädlich vorweggenommen wurde.

Es werden die weiteren Dokumente des Stands der Technik analysiert, die die Neuheit und die erfinderische Tätigkeit infrage stellen. Liegt eine mangelnde Ausführbarkeit vor, ist diese darzulegen. Die unzulässige Erweiterung wird anhand der ursprünglich eingereichten Anmeldeunterlagen geprüft.

Nimmt das Streitpatent die Priorität einer früheren Anmeldung in Anspruch, sollte geprüft werden, in welchem Umfang die Inanspruchnahme gerechtfertigt ist. Für die abhängigen Ansprüche ist in derselben Weise darzulegen, warum ihre Merkmale nicht zu einem rechtsbeständigen Anspruch führen.

3. Zusammenfassung

Entsprechend den oben angeführten Argumenten ist der Gegenstand des Anspruchs 1 des Streitpatents nicht neu, zumindest nicht erfinderisch, und entsprechend den Ausführungen der Nichtigkeitsklage kann von demselben Ergebnis für die abhängigen Ansprüche des Streitpatents ausgegangen werden. Die Ansprüche des Streitpatents sind daher nicht patentfähig.

Das Streitpatent ist daher für nichtig zu erklären.

Nichtigkeitsberufung 11

Inhaltsverzeichnis

11.1 Zeitlicher Ablauf der Nichtigkeitsberufung 77
11.2 Frist und Form 78
11.3 Begründung 79
11.4 Verfahren 79
11.5 Entscheidung des Bundesgerichtshofs 80
11.6 Vertretungszwang 80

Mit der Berufung können die Urteile der Nichtigkeitssenate angegriffen werden. Die Nichtigkeitsberufung wird vor dem Bundesgerichtshof verhandelt.[1] Das Berufungsverfahren wird durch die Einlegung der Berufungsschrift beim Bundesgerichtshof gestartet.[2]

11.1 Zeitlicher Ablauf der Nichtigkeitsberufung

Die Abb. 11.1 zeigt den zeitlichen Ablauf einer Nichtigkeitsberufung, die innerhalb eines Monats nach der Zustellung des vollständigen Urteils beim Bundesgerichtshof geltend gemacht werden kann. Spätestens jedoch ist die Berufung innerhalb von fünf Monaten nach Verkündung des Urteils einzulegen, falls keine Zustellung des Urteils erfolgte.[3] Die

---

[1] § 110 Absatz 1 Patentgesetz.
[2] § 110 Absatz 2 Patentgesetz.
[3] § 110 Absatz 3 Patentgesetz.

© Der/die Autor(en), exklusiv lizenziert an Springer-Verlag GmbH, DE, ein Teil von Springer Nature 2025
T. H. Meitinger, *Patenterteilung, Einspruch, Beschwerde und Nichtigkeit.*,
https://doi.org/10.1007/978-3-662-71434-8_11

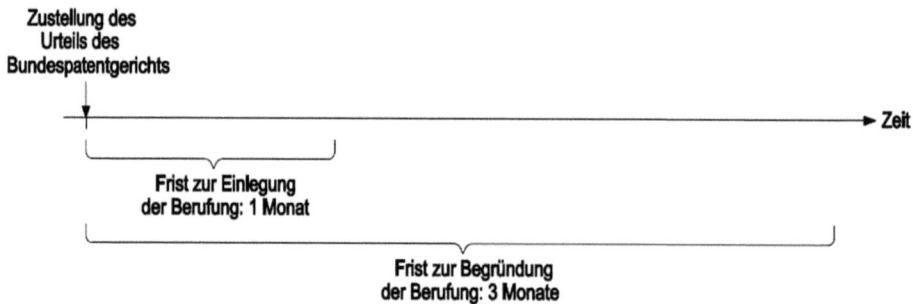

Abb. 11.1 Zeitlicher Ablauf einer Nichtigkeitsberufung

Begründung der Berufung kann zusammen mit der Berufungsschrift oder danach innerhalb von drei Monaten nach der Zustellung des angefochtenen Urteils eingereicht werden.[4] Auf Antrag kann die Begründungsfrist verlängert werden, wenn die gegnerische Partei zustimmt.[5]

11.2 Frist und Form

Die Berufung ist innerhalb eines Monats nach Zustellung des Urteils bzw. spätestens innerhalb von fünf Monaten nach Verkündung des Urteils einzulegen, falls keine Zustellung erfolgte.[6]

In der Berufungsschrift muss das Urteil genannt sein, das angefochten wird.[7] Außerdem muss die Berufungsschrift die Erklärung enthalten, dass gegen dieses Urteil Berufung eingelegt wird.[8]

Eine Berufung ist nur zulässig, wenn sie auf einer Rechtsverletzung basiert, das bedeutet, dass eine Rechtsnorm vom Bundespatentgericht falsch oder überhaupt nicht angewendet wurde.[9]

Eine Rechtsverletzung liegt insbesondere vor, wenn das Patentgericht nicht vorschriftsmäßig besetzt war, bei einem Richter Befangenheit zu besorgen ist oder die Entscheidung des Bundespatentgerichts nicht mit Gründen versehen ist.[10]

---

[4] § 112 Absatz 2 Sätze 1 bis 3 Patentgesetz.
[5] § 112 Absatz 2 Satz 4 Patentgesetz.
[6] § 110 Absatz 3 Patentgesetz.
[7] § 110 Absatz 4 Nr. 1 Patentgesetz.
[8] § 110 Absatz 4 Nr. 2 Patentgesetz.
[9] § 111 Absatz 2 Patentgesetz.
[10] § 111 Absatz 3 Nr. 1, 3 und 6 Patentgesetz.

11.3 Begründung

Die Nichtigkeitsberufung ist zu begründen.[11] Der Berufungsbegründung muss ein Berufungsantrag zu entnehmen sein, in welchem Umfang das Urteil angefochten wird.[12] Außerdem sind die Tatsachen und Umstände zu nennen, aus denen sich die Rechtsverletzung ergibt.[13]

11.4 Verfahren

Der Bundesgerichtshof wird die Berufung zunächst daraufhin prüfen, ob eine Rechtsverletzung geltend gemacht wurde und ob die Berufung fristgemäß eingelegt und begründet wurde.[14] Sind diese Voraussetzungen nicht erfüllt, wird die Berufung als unzulässig verworfen.[15]

Liegt eine zulässige Berufung vor, wird ein Termin für die mündliche Verhandlung bestimmt und den Parteien mitgeteilt.[16]

Der Bundesgerichtshof wird nur in dem Umfang die Angelegenheit prüfen, in dem dies von den Parteien beantragt wurde.[17]

Eine Klageänderung und eine Verteidigung des Patents in einer geänderten Fassung sind nur zulässig, wenn die gegnerische Partei zustimmt oder der Bundesgerichtshof dies für sachdienlich erachtet.[18]

Eine Klageänderung liegt vor, wenn der Klageantrag geändert wird, wodurch sich der Streitgegenstand ändert. Beispielsweise wäre eine Klageänderung, dass mit der Klage nicht mehr der Hauptanspruch, sondern ein nebengeordneter Anspruch eines Patents angegriffen wird.[19]

---

[11] § 112 Absatz 1 Patentgesetz.
[12] § 112 Absatz 3 Nr. 1 Patentgesetz.
[13] § 112 Absatz 3 Nr. 1 Patentgesetz.
[14] § 114 Absatz 1 Satz 1 Patentgesetz.
[15] § 114 Absatz 1 Satz 2 Patentgesetz.
[16] § 114 Absatz 3 Patentgesetz.
[17] § 116 Absatz 1 Patentgesetz.
[18] § 116 Absatz 2 Patentgesetz.
[19] § 263 Zivilprozessordnung (ZPO).

11.5 Entscheidung des Bundesgerichtshofs

Der Bundesgerichtshof fällt sein Urteil nach einer mündlichen Verhandlung.[20] Es findet keine mündliche Verhandlung statt, wenn die Parteien zustimmen oder nur eine Entscheidung über die Kosten erforderlich ist.[21] Erscheinen die Parteien nicht zur mündlichen Verhandlung, wird nach Aktenlage entschieden. Erscheint nur eine Partei nicht, wird ohne diese Partei verhandelt.[22]

Kann die Rechtsverletzung bestätigt werden, stellt sich die angefochtene Entscheidung des Bundespatentgerichts dennoch aus anderen Gründen als richtig dar, wird die Berufung zurückgewiesen.[23]

Ist die Berufung begründet, wird der angefochtene Beschluss in diesem Umfang aufgehoben[24] und an das Bundespatentgericht zurückverwiesen.[25] Es kann an einen anderen Nichtigkeitssenat zurückverwiesen werden.[26] Das Bundespatentgericht hat bei seiner Entscheidung die rechtliche Würdigung des Bundesgerichtshofs zu berücksichtigen.[27]

Ist die Sache entscheidungsreif, wird der Bundesgerichtshof selbst entscheiden und nicht zurückverweisen.[28]

11.6 Vertretungszwang

Die Parteien müssen sich durch einen Rechtsanwalt oder einen Patentanwalt vertreten lassen.[29]

---

[20] § 118 Absatz 1 Satz 1 Patentgesetz.
[21] § 118 Absatz 3 Patentgesetz.
[22] § 118 Absatz 4 Patentgesetz.
[23] § 119 Absatz 1 Patentgesetz.
[24] § 119 Absatz 2 Satz 1 Patentgesetz.
[25] § 119 Absatz 3 Satz 1 Patentgesetz.
[26] § 119 Absatz 3 Satz 2 Patentgesetz.
[27] § 119 Absatz 4 Patentgesetz.
[28] § 119 Absatz 5 Patentgesetz.
[29] § 113 Satz 1 Patentgesetz.

12 Europäisches Einspruchsverfahren

Inhaltsverzeichnis

12.1 Bedeutung des europäischen Einspruchsverfahrens 81
12.2 Zeitlicher Ablauf eines europäischen Einspruchsverfahrens 82
12.3 Beispiel eines Einspruchsschriftsatzes. 83
12.4 Beispiel einer Stellungnahme zu einem Einspruchsschriftsatz 90

Das europäische Einspruchsverfahren ähnelt dem deutschen Verfahren. Insbesondere sind die Widerrufsgründe identisch. Dennoch gibt es einige Unterschiede des europäischen Einspruchsverfahrens zum deutschen Verfahren, auf die besonders eingegangen wird.

Mit einem Einspruch kann ein europäisches Patent oder ein Einheitspatent angegriffen werden. Zuständig für das Einspruchsverfahren ist eine Einspruchsabteilung des Europäischen Patentamts.[1]

12.1 Bedeutung des europäischen Einspruchsverfahrens

Die Anzahl der Einsprüche vor dem EPA zeigt eine leicht fallende Tendenz, wobei von 2000 bis 2013 die Anzahl der Einsprüche um ungefähr 16 % zurückgegangen ist (siehe Abb. 12.1).

---

[1] Artikel 19 Absatz 1 Europäisches Patentübereinkommen (EPÜ).

© Der/die Autor(en), exklusiv lizenziert an Springer-Verlag GmbH, DE, ein Teil von Springer Nature 2025
T. H. Meitinger, *Patenterteilung, Einspruch, Beschwerde und Nichtigkeit.*,
https://doi.org/10.1007/978-3-662-71434-8_12

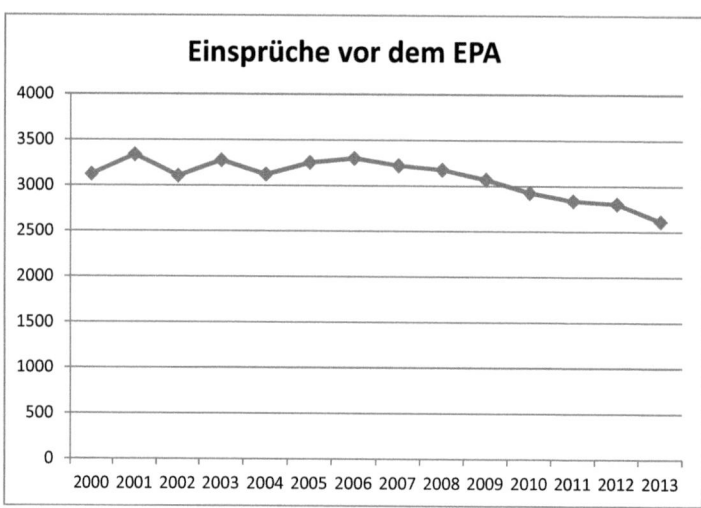

Abb. 12.1 Anzahl der Einsprüche vor dem EPA von 2000 bis 2013[2]

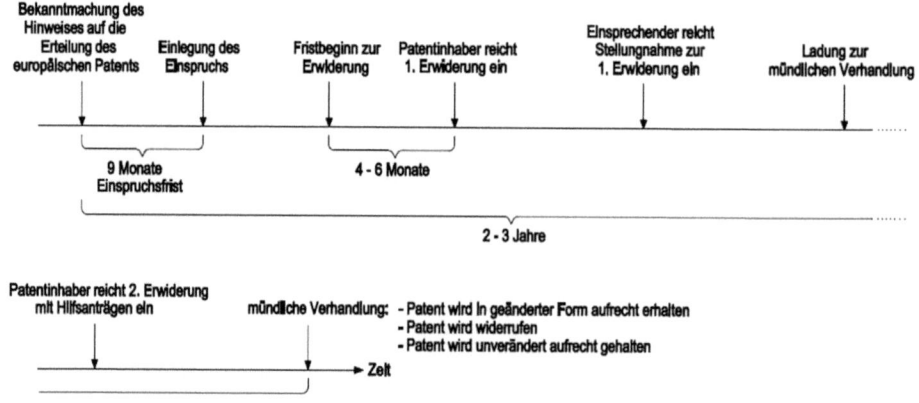

Abb. 12.2 Zeitlicher Ablauf eines europäischen Einspruchsverfahrens

12.2 Zeitlicher Ablauf eines europäischen Einspruchsverfahrens

Die Abb. 12.2 zeigt einen chronologischen Ablauf eines Einspruchsverfahrens vor dem Europäischen Patentamt. Ein Einspruch kann innerhalb eines Zeitraums von neun

---

[2] Europäisches Patentamt, Register, https://register.epo.org/advancedSearch?lng=de&clnrefer=yes, abgerufen am 21.5.2025.

12.3 Beispiel eines Einspruchsschriftsatzes

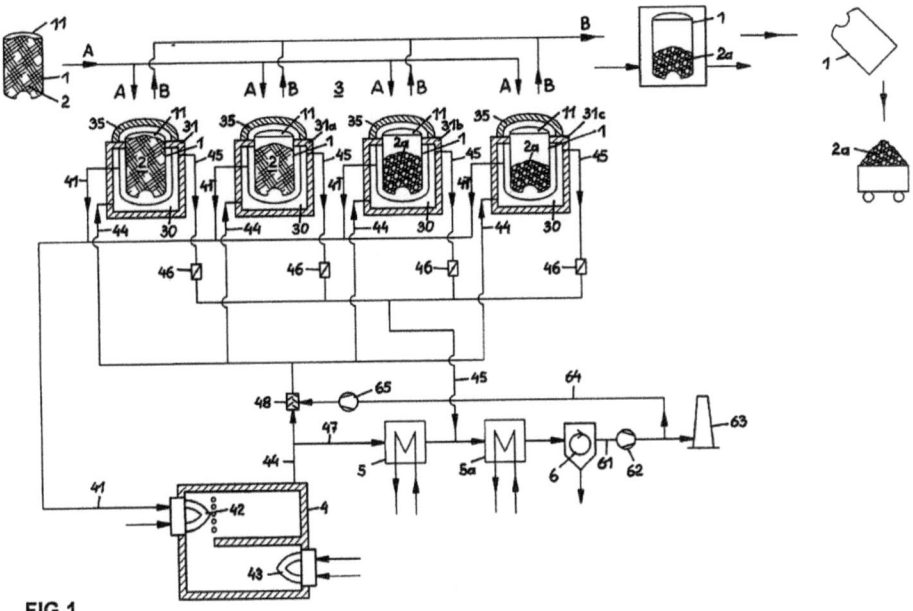

Abb. 12.3 Fig. 1 der EP3516011B1

Monaten nach der Veröffentlichung des Hinweises auf die Erteilung des europäischen Patents eingelegt werden.

12.3 Beispiel eines Einspruchsschriftsatzes

Es wird ein Schriftsatz einer Einsprechenden und eine Stellungnahme einer Patentinhaberin zu einem Einspruch vorgestellt und erläutert.

Bei dem Streitpatent EP 3 516 011 B1 wird ein Verfahren zur Pyrolyse unter Schutz gestellt, mit dem Biokohle hergestellt werden kann. Bei der Pyrolyse erfolgt eine thermisch-chemische Umwandlung von organischem Ausgangsmaterial durch Erhitzung unter Ausschluss von Sauerstoff in Biokohle bzw. Holzkohle.

In dem Streitpatent ist eine Anlage zur Durchführung des patentierten Verfahrens beschrieben.

Die Abb. 12.3 zeigt eine Anlage gemäß der technischen Lehre des Streitpatents mit Retorten 1, in denen der Pyrolyse-Prozess abläuft. Die Pyrolysegase, die durch den Pyrolyseprozess erzeugt werden, werden in einem Hohlraum 30 um die Retorte 1 aufgefangen und über eine Leitung 41 einer Brennkammer 4 zugeführt. In der Brennkammer 4 werden die Pyrolysegase entzündet und die entstehenden heißen Rauchgase werden über eine Leitung 44 zur Retorte 1 zurückgeführt, sodass die heißen Rauchgase das biogene Ausgangsmaterial 2 erhitzen können, wodurch sich der Pyrolyseprozess einstellt bzw. aufrecht gehalten werden kann.

Nachfolgend wird der Einspruchsschriftsatz erläutert:[3]

„Claus Egger ./. Leo Schirrnhofer
Einspruch gegen das europäische Patent Nr. 3 516 011 B1

Namens und im Auftrag unseres Mandanten, Herrn

Claus Egger
Salmannskirchen 8
85461 Bockhorn

wird gegen das Europäische Patent EP 3 516 011 B1

Einspruch

eingelegt.

Anträge

Es wird beantragt, das Patent EP 3 516 011 B1 – im Folgenden kurz Streitpatent genannt – in vollem Umfang zu widerrufen.

Hilfsweise und für den Fall, dass die Einspruchsabteilung zu einer Ansicht gelangt, die einem Widerspruch des Streitpatents im vollen Umfang entgegensteht, wird eine mündliche Verhandlung beantragt.

Als Einspruchsgrund wird angeführt, dass der Gegenstand des Patents nicht patentfähig ist. Insbesondere sind die geltenden Ansprüche des Streitpatents neuheitsschädlich durch den Stand der Technik vorweggenommen und beruhen ferner nicht auf einer erfinderischen Tätigkeit. Des Weiteren ist die Erfindung nicht so deutlich und vollständig offenbart, dass ein Fachmann sie ausführen könnte. Zusätzlich wurde der Hauptanspruch unzulässig erweitert."

---

[3] Europäisches Patentamt, https://register.epo.org/application?documentId=E6JTN9735375D-SU&number=EP17769097&lng=de&npl=false, abgerufen am 09.03.2025.

12.3 Beispiel eines Einspruchsschriftsatzes

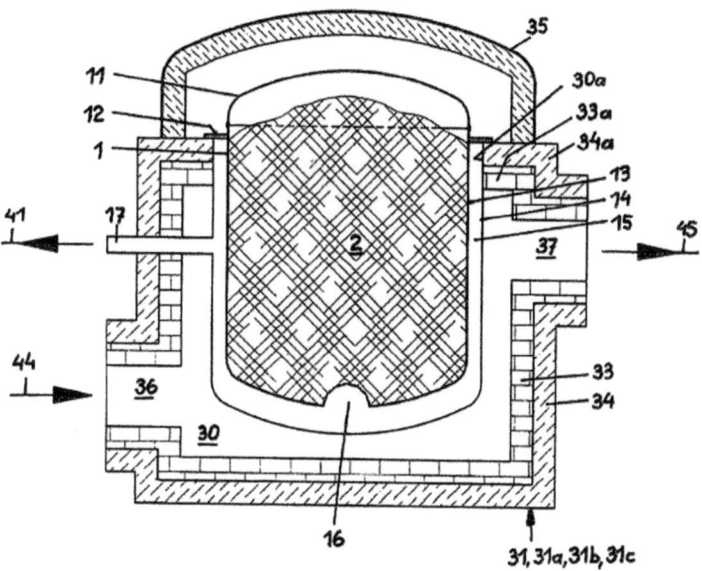

Abb. 12.4 Fig. 1A der EP3516011B1

In diesem Einspruchsschriftsatz werden die zumeist geltend gemachten Widerrufsgründe vorgebracht, nämlich mangelnde Neuheit, fehlende erfinderische Tätigkeit, mangelnde Ausführbarkeit für den Fachmann und unzulässige Erweiterung.[4]

„*Begründung*

1. Streitpatent

Anspruch 1 des Streitpatents betrifft ein Verfahren zur Herstellung von Biokohle."

An dieser Stelle wäre es vorteilhaft, beispielsweise mittels der Zeichnungen des Streitpatents, die eigene Auslegung der technischen Lehre des Streitpatents zu vermitteln und damit Verständnis für die eigene Perspektive zu schaffen. Beispielsweise könnte folgendes aufgenommen werden:

Die Abb. 12.4 zeigt eine Reaktorkammer 31, in der die Retorte 1 angeordnet ist. In der Retorte 1 befindet sich das biogene Ausgangsmaterial, insbesondere Holzschnipsel, das durch Erhitzen unter Ausschluss von Sauerstoff in Holzkohle umgewandelt wird. Durch diesen Pyrolyseprozess entstehen in dem biogenen Ausgangsmaterial Pyrolysegase, die durch eine Öffnung 16 in den Ringraum 15, der zwischen der Außenwand 13

---

[4] Europäisches Patentamt, https://register.epo.org/application?documentId=E6JTN9735375D-SU&number=EP17769097&lng=de&npl=false, abgerufen am 09.03.2025.

der Retorte 1 und der Trennwand 14 ausgebildet ist, gelangen kann. Die Pyrolysegase werden verbrannt und die dadurch sich ergebenden heißen Rauchgase werden in den Reaktorraum 30 eingeleitet und erhitzen das biogene Ausgangsmaterial 2, wodurch der Pyrolyseprozess aufrecht gehalten wird.

> *„Zur besseren Übersicht wird in den nachfolgenden Betrachtungen die folgende Merkmalsanalyse des Anspruchs 1 zugrunde gelegt, die in separater Ausfertigung zur besseren Handhabung in der Anlage beigefügt ist."*[5]

Der erste Schritt ist die Gliederung der Ansprüche, zumindest der unabhängigen Ansprüche, in ihre einzelnen Merkmale.„

Die Merkmale des Anspruchs 1 des Streitpatents lassen sich wie folgt gliedern:
M1) Verfahren zur Herstellung von Biokohle,
M2) bei dem in Retorten (1) befindliches biogenes Ausgangsmaterial (2) pyrolysiert wird und
M3) die durch Pyrolysen entstehenden brennbaren Pyrolysegase
M4) in einer Brennkammer (4) zur Erzeugung von heißen Rauchgasen verbrannt werden, wobei
M5) die Retorten (1) zeitlich aufeinanderfolgend in mindestens eine Reaktorkammer (31, 31a, 31b, 31c) eingebracht werden und
M6) in diesen mittels der in die mindestens eine Reaktorkammer (31, 31a, 31b, 31c) geleiteten Rauchgase die Pyrolysen durchgeführt werden, wobei
M7) die Retorten (1) gegenüber dem Eintritt von heißen Rauchgasen zumindest weitgehend abgeschlossen sind und
M8) die Erhitzung der in den Retorten (1) befindlichen Ausgangsmaterialien (2)
M9) mittels der Rauchgase
M10) durch die Beheizung der Retorten (1)
M11) nur mittelbar durch eine Trennwand (14) hindurch erfolgt, und wobei
M12) ein die jeweilige Retorte (1) umschließender Raum ein Ringraum (15)
M13) zwischen der Trennwand (14) und einer Außenwand (13) der Retorte ist, wobei
(gemäß Oberbegriff)
M14) die Pyrolysegase durch den Ringraum (15) hindurch
M15) zu der Brennkammer (4) geleitet werden, und dass
M16) durch die Rauchgase die abströmenden Pyrolysegase und
M17) die Außenwand (13) der Retorte (1) beheizt werden.
(gemäß kennzeichnendem Teil)
<u>2.1 Gegenstand des Anspruchs 1</u>

---

[5] Europäisches Patentamt, https://register.epo.org/application?documentId=E6JTN9735375DSU&number=EP17769097&lng=de&npl=false, abgerufen am 09.03.2025.

12.3 Beispiel eines Einspruchsschriftsatzes

Der Gegenstand des Hauptanspruchs ist ein Verfahren zur Pyrolyse, also der thermischen Umwandlung von organischem Ausgangsmaterial unter Ausschluss von Sauerstoff in Pyrolysegase und Biokohle.

Derartige Pyrolyseverfahren sind im Stand der Technik bekannt. Es ist außerdem bekannt, Biokohle durch ein kontinuierliches Pyrolyseverfahren herzstellen, bei dem das biogene Ausgangsmaterial mit heißen Rauchgasen beaufschlagt wird. Außerdem ist bekannt, die Pyrolysegase zu verbrennen, um Rauchgase zu erzeugen, die zur Beheizung des Reaktors, in dem die Pyrolyse abläuft, dienen.

Nachteilig bei der Nutzung von Rauchgasen zur Beaufschlagung der biogenen Ausgangsmaterialen ist, dass hierbei die Rauchgase Schadstoffe, die sich bei der Pyrolyse ergeben, aufnehmen.

Die technische Lehre des Streitpatents stellt sich daher die Aufgabe, eine Trennung der Rauchgase von dem Pyrolysevorgang sicherzustellen, wobei dennoch eine Erhitzung der biogenen Ausgangsmaterialen zur Erzeugung der Pyrolyse durch die Rauchgase ermöglicht wird.

Diese Aufgabe wird dadurch erreicht, dass die Retorten, in denen die Pyrolyse stattfindet, derart abgeschottet sind, dass die Rauchgase nicht in die Retorten gelangen können. Eine Erwärmung, der sich in den Retorten befindlichen biogenen Ausgangsmaterialien durch die Rauchgase erfolgt daher durch Trennwände hindurch."[6]

In diesem Abschnitt des Einspruchsschriftsatzes wird die Aufgabe der technischen Lehre des Streitpatents herausgearbeitet. Hierbei soll vorteilhafterweise festgestellt werden, dass die Dokumente des Stands der Technik einer ähnlichen Zielsetzung dienen und daher einen relevanten Stand der Technik darstellen.

2.2 Stand der Technik
In dem vorliegenden Einspruch werden die folgenden Dokumente neu eingeführt:
  E1 Charcoal Production Processes: an Overview
  E2 Charcoal Production with reduced Emissions
  E3 Historical Developments of Pyrolysis Reactors: A Review
  E4 Fachbuch „Technologie der Holzverkohlung" von Max Klar aus dem Jahr 1910
  Das Fachbuch „Technologie der Holzverkohlung" beschreibt die grundlegenden Aspekte der Holzverkohlung und stellt einen neuheitsschädlichen Stand der Technik dar.
  In dem für die dem Streitpatent zugrunde liegenden Patentanmeldung erstellten internationalen Recherchenbericht werden die folgenden Dokumente genannt:
  D1 US 5 725 738 A
  D2 CH 237 758 A
  D3 DE 10 2014 015815

---

[6] Europäisches Patentamt, https://register.epo.org/application?documentId=E6JTN9735375D-SU&number=EP17769097&lng=de&npl=false, abgerufen am 09.03.2025.

Die verwendeten Druckschriften E1, E2 und E3 sind in Kopie als Anlage beigefügt."[7]

Zu den einzelnen Dokumenten des Stands der Technik sollte immer der Anmelde- bzw. Prioritätstag angegeben werden. Bei Artikeln aus Fachzeitschriften ist der Tag bzw. der Monat der Veröffentlichung zu benennen. Hierdurch verdeutlicht man, dass die entsprechenden Dokumente relevant sind, da sie einen besseren Zeitrang im Vergleich zum Streitpatent aufweisen.

2.3 Mangelnde Neuheit
2.3.1 Mangelnde Neuheit wegen „Charcoal Production Processes: an Overview" (E1)
Die E1 behandelt die Herstellung von Biokohle („Charcoal production processes", Titel, Merkmal M1). Hierbei wird eine „biomass pyrolysis" beschrieben, also eine Pyrolyse eines biogenen Materials (Seite 19, linke Spalte, zweiter Satz von oben; Merkmal M2).

Auf der Seite 23 linke Spalte dritter Absatz wird beschrieben, dass in Retorten ...."[8]

„2.3.2 Mangelnde Neuheit wegen „Charcoal Production with reduced Emissions" (E2)
Die E2 beschreibt eine „Charcoal production with reduced emissions" (Titel). Es werden in diesem Artikel daher Verfahren zur Herstellung von Biokohle beschrieben (Merkmal M1).

Unter „1. Background" dritter Absatz, letzter Satz steht..."[9]

Es sind die Offenbarungsstellen der einzelnen Merkmale des Hauptanspruchs in den neuheitsschädlichen Dokumenten zu benennen.

2.4 Mangelnde erfinderische Tätigkeit
2.4.1 Mangelnde erfinderische Tätigkeit wegen der D1 und Fachwissen
Die D1 zeigt in der Figur 4 eine „Tunnel pyrolysis chamber" in die „wood products" eingebracht wurden (Merkmale M1 und M2). Außerdem zeigt die Figur 4 eine Brennkammer... .

2.4.2 Mangelnde erfinderische Tätigkeit wegen der D2 und Fachwissen
Die D2 zeigt ein Verfahren zur Herstellung von Biokohle, bei dem ein biogenes Ausgangsmaterial pyrolysiert wird (Hauptanspruch, Merkmale M1 und M2). Die entstehenden Pyrolysegase dienen als Heizgase (Unteranspruch 1: „...in der Heizkammer

---

[7] Europäisches Patentamt, https://register.epo.org/application?documentId=E6JTN9735375D-SU&number=EP17769097&lng=de&npl=false, abgerufen am 09.03.2025.

[8] Europäisches Patentamt, https://register.epo.org/application?documentId=E6JTN9735375D-SU&number=EP17769097&lng=de&npl=false, abgerufen am 09.03.2025.

[9] Europäisches Patentamt, https://register.epo.org/application?documentId=E6JTN9735375D-SU&number=EP17769097&lng=de&npl=false, abgerufen am 09.03.2025.

Generatorgase verbrannt und die dabei entstehenden Verbrennungsgase als Heizgase für die Retorte verwendet werden.", Merkmale M3 und M4). Außerdem wird im Unteranspruch 8 beschrieben, dass ... ."[10]

Die mangelnde erfinderische Tätigkeit ist darzulegen. Es ist empfehlenswert ein für einen Fachmann angenommenes Fachwissen durch einschlägige Fachbücher zu belegen.

2.5 Unzulässige Erweiterung des Hauptanspruchs
*Das Merkmal der **mittelbaren** Beheizung der Retorten **durch eine Trennwand hindurch**, also das Merkmal, dass „mittels der Rauchgase durch die Beheizung der Retorten nur **mittelbar durch eine Trennwand hindurch** erfolgt" des Hauptanspruchs kann so ....*

Es ist daher unzulässig erweitert, dass die mittelbare Beheizung der Retorten, wie dies in den ursprünglich eingereichten Unterlagen offenbart ist, durch die Existenz der Trennwände erreicht wird."[11]

Die angebliche unzulässige Erweiterung ist im Detail zu begründen.

„2.6 Mangelnde Ausführbarkeit des Hauptanspruchs
*Im Anspruch 1 ist das Merkmal enthalten, dass „die Erhitzung der in den Retorten befindlichen Ausgangsmaterialien mittels der Rauchgase durch die Beheizung der Retorten nur **mittelbar** durch eine Trennwand hindurch erfolgt".*
Es stellt sich die Frage, ob der Begriff „mittelbar" durch ....
Der Hauptanspruch ist daher für den Fachmann nicht ausführbar."[12]

Es ist zu erläutern, warum dem Fachmann nicht möglich ist, die Lehre des Hauptanspruchs mit Hilfe seines Fachwissens und Fachkönnens auszuführen.

2.7 Abhängige Ansprüche zum Hauptanspruch
Die Unteransprüche 2 bis 8 sind, wie sich unmittelbar aus den Dokumenten E1 und E2 ergibt, entweder ....

---

[10] Europäisches Patentamt, https://register.epo.org/application?documentId=E6JTN9735375D-SU&number=EP17769097&lng=de&npl=false, abgerufen am 09.03.2025.

[11] Europäisches Patentamt, https://register.epo.org/application?documentId=E6JTN9735375D-SU&number=EP17769097&lng=de&npl=false, abgerufen am 09.03.2025.

[12] Europäisches Patentamt, https://register.epo.org/application?documentId=E6JTN9735375D-SU&number=EP17769097&lng=de&npl=false, abgerufen am 09.03.2025.

2.8 Nebenanspruch 9 und abhängige Ansprüche
Der Nebenanspruch 9 beschreibt dieselben Merkmale ... "[13]

Es ist zu beschreiben, wo die Merkmale der Unteransprüche und insbesondere die Merkmale der nebengeordneten Ansprüche im Stand der Technik zu finden sind.

3. Zusammenfassung
Bei dieser Sachlage ist der Antrag auf Widerruf des Streitpatents im vollen Umfang gerechtfertigt. Es wird um antragsgemäße Beschlussfassung gebeten."[14]

12.4 Beispiel einer Stellungnahme zu einem Einspruchsschriftsatz

In dem zweiten Beispiel wird eine Erwiderung der Patentinhaberin auf einen Einspruchsschriftsatz der Einsprechenden erläutert. Gegen das europäische Patent EP 1 972 832 (08 102 558.7) der Patentinhaberin ZF-Lenksysteme GmbH wurde von der Einsprechenden OVALO GmbH Einspruch erhoben. Die ZF-Lenksysteme GmbH hat mit dem nachfolgenden Schriftsatz darauf geantwortet.

Das Streitpatent hat ein Spannungswellengetriebe, Wellgetriebe bzw. Gleitkeilgetriebe, zum Gegenstand, das ein Getriebe mit einem elastischen Übertragungselement und sehr hoher Übersetzung und Steifigkeit darstellt. „*Auf den vorgenannten Einspruch gegen das oben genannte Patent (Streitpatent) wird seitens der Patentinhaberin wie folgt Stellung genommen:*

1. Anträge
Es wird beantragt, den Einspruch zurückzuweisen und das Streitpatent in vollem Umfang aufrecht zu erhalten, angesichts der weiter unten angeführten Begründung.

Sollte die Einspruchsabteilung zu einer Ansicht gelangen, die der Zurückweisung des Einspruchs und Aufrechterhaltung des Streitpatents im vollen Umfang entgegensteht, so wird um Gelegenheit gebeten, zumindest eine weitere schriftliche Stellungnahme seitens der Patentinhaberin einzureichen.

Hilfsweise und für den Fall, dass die Einspruchsabteilung zu einer Ansicht gelangt, die einer Aufrechterhaltung des Streitpatents im vollen oder eingeschränkten Umfang entgegensteht, wird eine mündliche Verhandlung nach Artikel 116 EPÜ beantragt."[15]

---

[13] Europäisches Patentamt, https://register.epo.org/application?documentId=E6JTN9735375D-SU&number=EP17769097&lng=de&npl=false, abgerufen am 10.03.2025.

[14] Europäisches Patentamt, https://register.epo.org/application?documentId=E6JTN9735375D-SU&number=EP17769097&lng=de&npl=false, abgerufen am 09.03.2025.

[15] Europäisches Patentamt, https://register.epo.org/application?documentId=ETTAHBJ43027FI4&number=EP08102558&lng=de&npl=false, abgerufen am 08.03.2025.

12.4 Beispiel einer Stellungnahme zu einem Einspruchsschriftsatz

Es sollte immer eine mündliche Verhandlung beantragt werden, um sich die Möglichkeit zu wahren, seine Argumente in mündlicher Form vorzutragen.

„2. Begründung
2.1 Gegenstand des Anspruchs 1
Der Oberbegriff des Anspruchs 1 beschreibt ein Wellgetriebe für einen Aktuator eines Lenksystems, insbesondere für eine Servolenkung eines Kraftfahrzeugs, mit einem von einem Servomotor antreibbaren, exzentrischen Antriebskern, der eine radialflexible Abrollbuchse elastisch in radialer Richtung verformt, wobei eine Verzahnung an einer Außenmantelfläche der radialflexiblen Abrollbuchse partiell in fortlaufendem Wechsel mit einer starren Innenverzahnung eines Stützringes in Eingriff gelangt und wobei die Innenverzahnung des Stützringes ballig in Richtung auf die Verzahnung an der Außenmantelfläche der radialflexiblen Abrollbuchse ist.

Die Erfindung ist darin zu sehen, dass die Zahnkopfhöhe der Innenverzahnung um etwa 0,05 mm bis 0,3 mm über der Zahnbreite ansteigt und wieder abfällt.

Die Aufgabe, die zum Gegenstand des Anspruchs 1 führt, ist in Absatz [0006] beschrieben, nämlich eine Geräuschentwicklung zu vermeiden, die sich aufgrund der Koaxialtoleranzen des Stützrings bezüglich der radialflexiblen Abrollbuchse von Wellgetrieben ergeben kann. Das Ziel ist daher, eine Kompensation dieser fertigungsbedingten Koaxialtoleranzen in ihrer Verursachung einer Geräuschentwicklung zu erreichen. Dies kann erfindungsgemäß durch einen Zahnkopfhöhenverlauf mit einem Ansteigen und Abfallen um mindestens 0,05 mm bzw. maximal 0,3 mm erzielt werden.

Die Maßangaben des kennzeichnenden Merkmals des Anspruchs 1 sind eine Folge der typischen Koaxialtoleranzen. Diese typischen Toleranzen sind generell im Zehntel- bzw. Hunderstel-Millimeter-Bereich, gleichgültig ob kleine oder große Bauteile hergestellt werden. Folgerichtig gelten die gleichen Maßangaben des kennzeichnenden Merkmals für ein Lenksystem eines Kleinstwagens wie auch für das Lenksystem eines 60 t-Sattelschleppers.

Bei dem kennzeichnenden Merkmal mit dessen Bereich von 0,05 mm bis 0,3 mm handelt es sich selbst nicht um Fertigungstoleranzen. Die Fertigungstoleranz für die Herstellung des Zahnkopfhöhenverlaufs kann größer oder kleiner sein. Gemäß der technischen Lehre des Anspruchs 1 ist ausschließlich relevant, dass letzten Endes das Ansteigen und Abfallen der Zahnkopfhöhe zu einem Höhenunterschied von mindestens 0,05 mm und maximal 0,3 mm führt. Hierdurch können die Koaxialtoleranzen des Stützrings zur radialflexiblen Abrollbuchse in ihrer Wirkung einer Verursachung einer Geräuschentwicklung ausgeschaltet oder zumindest begrenzt werden."[16]

---

[16] Europäisches Patentamt, https://register.epo.org/application?documentId=ETTAHBJ43027FI4&number=EP08102558&lng=de&npl=false, abgerufen am 09.03.2025.

Der Gegenstand der unabhängigen Ansprüche sollte vor dem Hintergrund der Beschreibung des Patents ausgelegt werden, um bereits am Anfang geeignete Akzente zur Abgrenzung zum vom Einsprechenden vorgebrachten Stand der Technik zu setzen.

„2.2 Stand der Technik
In dem vorliegenden Einspruch werden die folgenden Dokumente zitiert (die Bezeichnung wird aus der Einspruchsbegründung übernommen):
  E1 Dubbel, Taschenbuch für den Maschinenbau, 19. Auflage
  E2 Heinz Linke, Stirnrad Verzahnung
  E4 DE 11 2004 002 907 T5
  E5 JPA 1993-209655
  E6 EP 0 745 786 B1
  E7 JPA 1999-264448
  E8 JPA 2006-15865
  E9 WO 2004/000629 A2
  E10 WO 2005/110833 A1
  E11 Messprotokoll bzgl. Rauhigkeit
In dem für die dem Streitpatent zugrunde liegende Patentanmeldung erstellten europäischen Recherchenbericht werden die folgenden Dokumente genannt:
  D1 SU 1 106 938 A1
  D2 US 2002/184968 A1
  D3 englische Übersetzung der JP 58 042452 U
  D4 GB 1 128 205 A
  E3 WO 2005/054035"[17]

Es ist sinnvoll, eine Auflistung der Dokumente des Stands der Technik mit den jeweiligen Kürzeln (D1, D2, ... oder E1, E2, ...) aufzuführen. Hierdurch wird die Übersichtlichkeit gewahrt.

In der Stellungnahme auf einen Einspruchsschrift ist typischerweise keine Merkmalsgliederung des Anspruchssatzes enthalten, da der Einsprechende bereits eine Merkmalsanalyse vorgenommen hat, die in aller Regel übernommen wird, um keine Verwirrung durch unterschiedliche Merkmalsbezeichnungen auszulösen. *„Die Neuheit und erfinderische Tätigkeit des Anspruchs 1 bezüglich der Dokumente D1 bis D4 und des Dokuments E3 wurde im europäischen Prüfungsverfahren anerkannt.*

Die Neuheit des Anspruchs 1 bezüglich jedem der Dokumente E1 bis E11 und D1 bis D4 ist unbestritten.

Im Folgenden wird der bezüglich des erfindungsgemäßen Wellgetriebes nach dem Anspruch 1 des Streitpatents technisch relevante Inhalt des Stands der Technik zusammengefasst."[18]

---

[17] Europäisches Patentamt, https://register.epo.org/application?documentId=ETTAHBJ43027FI4&number=EP08102558&lng=de&npl=false, abgerufen am 09.03.2025.

[18] Europäisches Patentamt, https://register.epo.org/application?documentId=ETTAHBJ43027FI4&number=EP08102558&lng=de&npl=false, abgerufen am 09.03.2025.

Es ist empfehlenswert, die vorgebrachten Dokumente des Stands der Technik zu interpretieren, beispielsweise dahingehend, welche Aufgabe durch die jeweilige technische Lehre gelöst werden soll, um dadurch eine Abgrenzung der Ansprüche des Streitpatents zum Stand der Technik aufzuzeigen.

2.2.1 Englische Übersetzung der JP 58 042452 U (D3)
Die D3 zeigt ein Wellgetriebe mit einer Innenverzahnung 12, an dem ein Mechanismus A angeordnet ist (Fig. 1, 3 und 5). Der Mechanismus A ist dazu vorgesehen, den Durchmesser der Innenverzahnung 12 zu reduzieren (Seite 6 Absatz 1) und hierdurch eine Deformation der Innenverzahnung zu erreichen.

Die D3 beschreibt, dass sich durch ein Zahnradspiel ein Geklapper (rattle) ergeben kann. Dieses Geklapper soll durch die Deformation reduziert werden (Seite 3, Absatz 3). Hierbei ist es das Ziel der D3, das Zahnradspiel auf eine Weise zu reduzieren, die kostengünstig ist (Seite 3 letzter Absatz bis Seite 4 Absatz 1). Die Lösung hierzu ist der Mechanismus A.

Die D3 lehrt die Schraube 19 des Mechanismus A anzuziehen, um eine zunehmende Deformation der Innenverzahnung zu erreichen. Hierdurch wird ein mittlerer Bereich eines Zahnes hervorgepresst, wohingegen die Randbereiche des Zahnes zurückgesetzt bleiben, was zu einer Balligkeit des einzelnen Zahns führt.

Die D3 behandelt daher das Problem einer Geräuschentwicklung durch ein Zahnradspiel. Die Lösung ist das Eliminieren des Zahnradspiels (Seite 5 Absatz 2).

Im Gegensatz hierzu befasst sich die technische Lehre des Streitpatents mit dem Problem der Koaxialtoleranzen des Stützrings zur radialflexiblen Abrollbuchse von Wellgetrieben [0006]. Die hierzu adäquate Lösung, nämlich das Ansteigen und Abfallen der Zahnkopfhöhe von mindestens 0,05 mm und maximal 0,3 mm, kann der D3 ebenfalls nicht entnommen werden.

2.2.2 SU 1 106 938 A1 (D1)
Die D1 beschreibt ein Wellgetriebe mit einer Innenverzahnung eines Stützrings, wobei die Innenverzahnung monoton abfallend verläuft (Figur 1). Es wird kein Ansteigen und anschließendes Abfallen über eine Zahnbreite gezeigt."[19]

Die Abb. 12.5 zeigt ein Wellgetriebe der SU 1 106 938 A1.

2.2.3 US 2002/184968 A1 (D2)
Die D2 beschäftigt sich mit Problemen, die sich bei Wellgetrieben in Leichtbauweise ergeben [0006 bis 0009]. Das Dokument D2 behandelt nicht die Aufgabe der Reduzierung der Geräuschentwicklung und gibt hierzu auch keine Hinweise. Die Fig. 3 zeigt auch

---

[19] Europäisches Patentamt, https://register.epo.org/application?documentId=ETTAHBJ43027FI4&number=EP08102558&lng=de&npl=false, abgerufen am 09.03.2025.

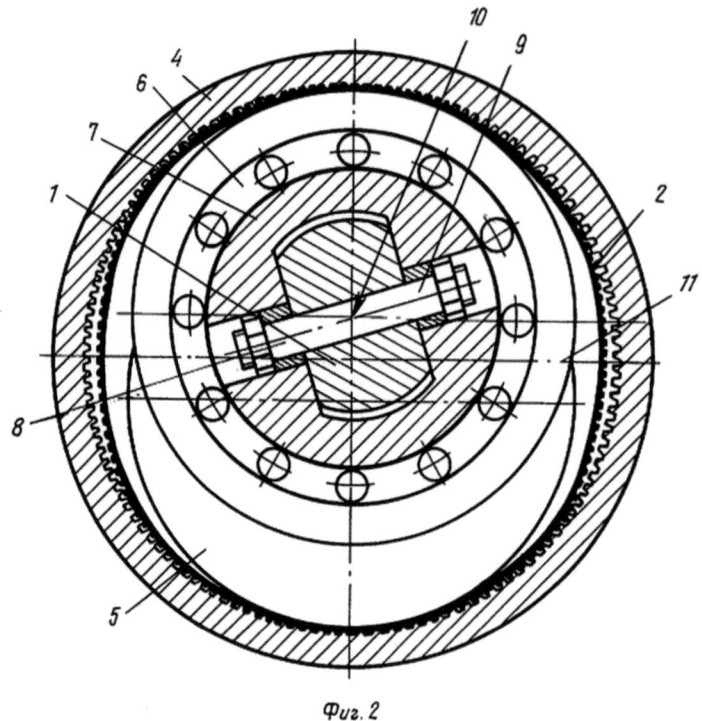

Abb. 12.5 Fig. 2 der SU1106938A1[23]

Abb. 12.6 Fig. 2 der US20020184968A1

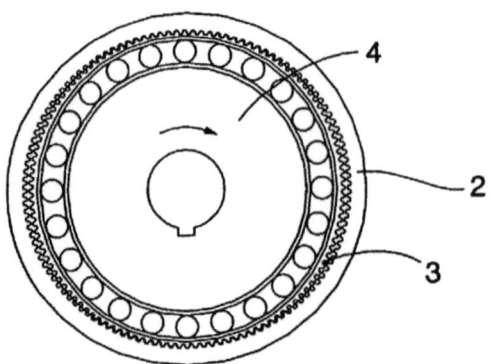

---

[23] DPMA, https://depatisnet.dpma.de/DepatisNet/depatisnet?action=pdf&docid=SU00000110693 8A1&xxxfull=1, abgerufen am 10.03.2025.

12.4 Beispiel einer Stellungnahme zu einem Einspruchsschriftsatz

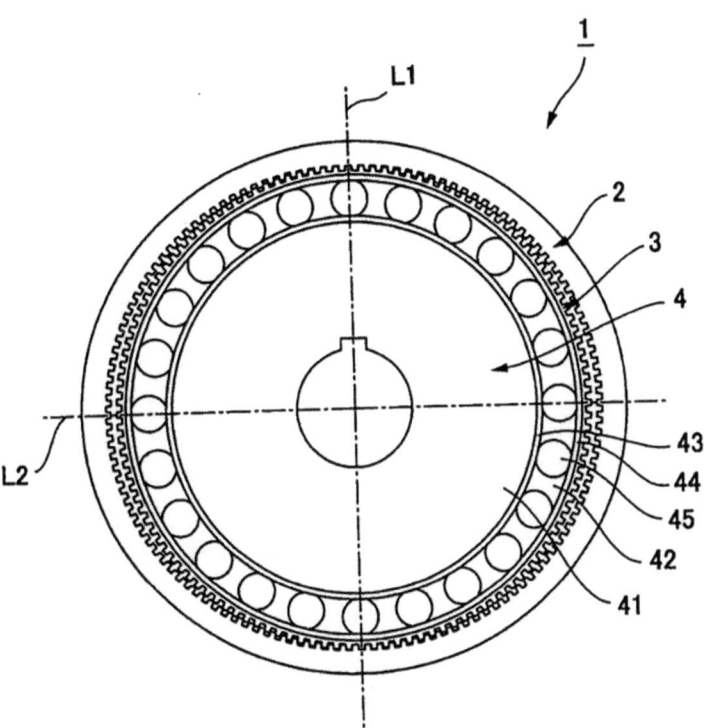

Abb. 12.7 Fig. 1 der DE112004002907T5

kein kontinuierliches Ansteigen und wieder Abfallen einer Zahnkopfhöhe. Vielmehr werden abgerundete Ecken und ein mittlerer gerader Abschnitt eines Zahns dargestellt."[20]

Die Abb. 12.6 zeigt ein Wellgetriebe der US20020184968A1.

2.2.4 DE 11 2004 002 907 T5 (E4)
Die E4 behandelt das Problem zu geringer Verzahnungstiefe eines Wellgetriebes. Hierbei kann während eines Hochbelastungs-Drehmoments das Phänomen des Zahnüberspringens („Ratschen") auftreten (Absatz [0004]). Zur Lösung dieses Problems wird ein Wellgetriebe mit einem kreisförmigen, starren Innenzahnrad bzw. innenverzahnten Zahnrad, einem darin vorhandenen, flexiblen Außenzahnrad bzw. außenverzahnten Zahnrad,

---

[20] Europäisches Patentamt, https://register.epo.org/application?documentId=ETTAHBJ43027FI4&number=EP08102558&lng=de&npl=false, abgerufen am 09.03.2025.

Abb. 12.8 Fig. 1 der EP0745786B1

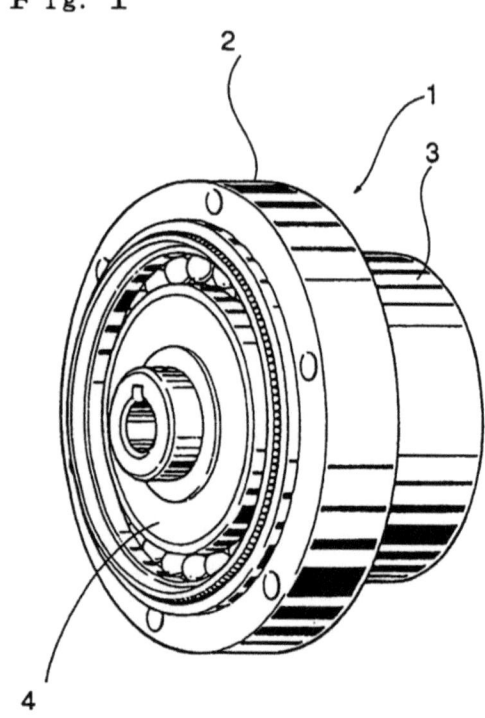

einem darin eingefügten Wellgenerator, wobei das flexible Außenzahnrad einen flexiblen zylindrischen Hauptteil und eine ringförmige Membran aufweist, vorgeschlagen (Absatz [0005]). Hierbei wird ein Zahnprofil der Innenzahnräder beschrieben, bei dem der Bereich des Zahnprofils des starren Innenzahnrads dort der größte sein kann, wo sein Zahnkopf bzw. Zahnkopfkreis den Maximalpunkt der Bewegungsbahn des Zahnkopfes bzw. Zahnkopfkreises des flexiblen Außenzahnrads berührt (Absatz [0006]). Die E4 befasst sich nicht mit einer Geräuschentwicklung."[21]

Abb. 12.7 zeigt ein Wellgetriebe der DE112004002907T5.

<u>2.2.5 JPA 1993-209655 (E5)</u>
Die Ausführungen der Einsprechenden beziehen sich im Wesentlichen auf die Figur 5. Diese Figur zeigt einen „topfförmigen" Zahn („cup-shaped") mit angeschrägten Flanken und einem geraden mittleren Abschnitt. Das Problem einer Geräuschentwicklung wird nicht behandelt.

---

[21] Europäisches Patentamt, https://register.epo.org/application?documentId=ETTAHBJ43027FI4&number=EP08102558&lng=de&npl=false, abgerufen am 09.03.2025.

12.4 Beispiel einer Stellungnahme zu einem Einspruchsschriftsatz

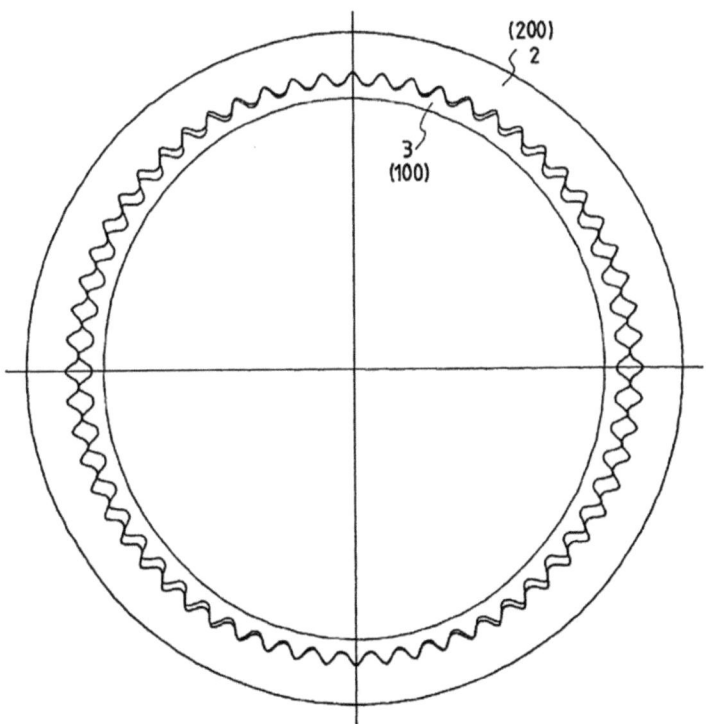

Abb. 12.9 Fig. 8 der EP0745786B1

2.2.6 EP 0 745 786 B1 (E6)
Die E6 befasst sich mit dem Problem der Zahnkollision und schlägt zur Lösung dieses Problems eine konusförmige Ausbildung des einzelnen Zahns vor (Anspruch 14). Die E6 befasst sich nicht mit dem Problem der Geräuschentwicklung."[22]

Die Abb. 12.8 zeigt ein Wellgetriebe der EP0745786B1 in einer perspektivischen Darstellung.

Die Abb. 12.9 zeigt das Wellgetriebe der EP0745786B1 in einer Vorderansicht.

In der weiteren Begründung, warum der Einspruch zurückzuweisen ist, kann auf die kurzen Zusammenfassungen der Dokumente des Stands der Technik zurückgegriffen werden. Insbesondere kann mit dem Could-Would-Test argumentiert werden, um die erfinderische Tätigkeit der unabhängigen Ansprüche des Streitpatents zu belegen.

---

[22] Europäisches Patentamt, https://register.epo.org/application?documentId=ETTAHBJ43027FI4&number=EP08102558&lng=de&npl=false, abgerufen am 09.03.2025.

„2.3 Erfinderische Tätigkeit

Keines der Dokumente des Stands der Technik erkennt die Problematik, die sich durch die Koaxialtoleranzen zwischen Stützring und radialflexibler Abrollbuchse von Wellgetrieben ergibt. Die Folge davon, nämlich dass sich eine unerwünschte Geräuschentwicklung ergeben kann, wird folgerichtig nirgends beschrieben.

Die D3 beschreibt das Problem der Geräuschentwicklung. Allerdings befasst sich die D3 mit dem Zahnradspiel (Seite 3 Absatz 3 der Übersetzung der japanischen Druckschrift) als Quelle einer unerwünschten Geräuschentwicklung. Die Lösung, die die D3 hierzu anbietet, ist das Eliminieren des Zahnradspiels (Seite 5 Absatz 2 der Übersetzung der japanischen Druckschrift).

Die Aufgabe des Streitpatents, die zum Gegenstand des Anspruchs 1 führt, wird daher in keinem der Dokumente des Stands der Technik thematisiert, nämlich eine unerwünschte Geräuschentwicklung durch Koaxialtoleranzen zwischen dem Stützring und der radialflexiblen Abrollbuchse von Wellgetrieben zu vermeiden bzw. zumindest zu minimieren. Es kann auch kein Zusammenhang zwischen einem Zahnradspiel und Koaxialtoleranzen konstruiert werden, da ein Zahnradspiel beabsichtigt sein kann, um beispielsweise eine Montage zu erleichtern oder um ein Klemmen miteinander arbeitender Zahnräder sicher zu vermeiden. Koaxialtoleranzen sind dagegen nicht beabsichtigt, sondern fertigungsbedingt.

Die erfinderische Lösung zur Vermeidung einer Geräuschentwicklung aufgrund von Koaxialtoleranzen kann ebenfalls keinem der Dokumente des Stands der Technik entnommen werden. Ein Zahnkopfhöhenverlauf, der innerhalb des Bereichs 0,05 mm bis 0,3 mm ansteigt und wieder abfällt wird nirgends beschrieben oder nahegelegt.

Es ist eine wesentliche Erkenntnis der technischen Lehre des Streitpatents, dass durch eine Variation des Zahnkopfhöhenverlaufs der Innenverzahnung des Stützrings im Bereich der typischen Fertigungstoleranzen der Einfluss der Koaxialtoleranzen des Stützrings zu der radialflexiblen Abrollbuchse von Wellgetrieben bei der Geräuschentwicklung ausgeschaltet werden kann.

Da weder die Aufgabe noch deren Lösung den Dokumenten des Stands der Technik entnommen werden kann (auch nicht in einer Gesamtschau), ist von einer erfinderischen Tätigkeit auszugehen.

2.4 Unzulässige Erweiterung

Das im Anspruch 1 beschriebene System ist ein Wellgetriebe. Der Servomotor gehört nicht zu dem System des Wellgetriebes. Eine Formulierung eines exzentrischen Antriebskerns, der „von einem Servomotor angetrieben" ist, kann daher nicht verwendet werden.

Auf der Seite 1 Absatz 2 der ursprünglichen Anmeldeunterlagen wird ein Wellgetriebe beschrieben, das einen Antriebskern aufweist. Ein Servomotor versetzt diesen Antriebskern in Rotation und treibt ihn dadurch an. Der Antriebskern des Wellgetriebes ist daher durch den Servomotor antreibbar. Eine unzulässige Erweiterung des Anspruchs 1 kann daher nicht gesehen werden.

2.5 Mangelnde Offenbarung
Der Gegenstand des Anspruchs 1 ist deutlich und vollständig offenbart, was auch die Einsprechende nicht in Abrede stellt. Die Einsprechende sieht in der Kombination der Merkmale des Anspruchs 1 mit den Merkmalen des Anspruchs 2 einen Widerspruch.

Das Ansteigen und Abfallen der Zahnkopfhöhe entsprechend des kennzeichnenden Merkmals des Anspruchs 1 stellt eine Profilverschiebung dar. Der Anspruch 2 beansprucht eine Variante einer Profilverschiebung, nämlich eine positive Profilverschiebung. Die Merkmale der Ansprüche 1 und 2 sind daher kombinierbar."[24]

Es ist in der Stellungnahme zur Einspruchsschrift auf jeden Angriffspunkt des Einsprechenden einzugehen. In aller Regel wird der Einsprechende mangelnde Neuheit, fehlende erfinderische Tätigkeit, mangelnde Ausführbarkeit (mangelnde Offenbarung) und unzulässige Erweiterung geltend machen.

3. Zusammenfassung
Aus den vorgenannten Gründen ist die Patentinhaberin der Auffassung, dass der Gegenstand des Anspruchs 1 rechtsbeständig ist.

Damit ist der Antrag, den Einspruch zurückzuweisen und das Streitpatent in vollem Umfang aufrecht zu erhalten, begründet."[25]

---

[24] Europäisches Patentamt, https://register.epo.org/application?documentId=ETTAHBJ43027FI4&number=EP08102558&lng=de&npl=false, abgerufen am 09.03.2025.
[25] Europäisches Patentamt, https://register.epo.org/application?documentId=ETTAHBJ43027FI4&number=EP08102558&lng=de&npl=false, abgerufen am 09.03.2025.

Europäische Einspruchsbeschwerde

Inhaltsverzeichnis

13.1 Zeitlicher Ablauf einer Einspruchsbeschwerde 101
13.2 Beschwerdefähige Entscheidung 101
13.3 Beschwerdekammern 102
13.4 Frist und Form 102
13.5 Überprüfung durch die Große Beschwerdekammer 102

Eine Einspruchsbeschwerde ist das Rechtsmittel gegen die Entscheidung einer Einspruchsabteilung. Die Beschwerde wird vor einer Beschwerdekammer des Europäischen Patentamts verhandelt, wobei es sich um die letzte Instanz eines Einspruchsverfahrens handelt.

13.1 Zeitlicher Ablauf einer Einspruchsbeschwerde

Die Abb. 13.1 zeigt den chronologischen Ablauf einer Einspruchsbeschwerde, wobei im schriftlichen Verfahren den Beteiligten zumindest zweimal Gelegenheit gegeben wird, Stellung zu beziehen bzw. die Argumente der Gegenseite zu kommentieren.

13.2 Beschwerdefähige Entscheidung

Die Entscheidungen der Eingangsstelle des Europäischen Patentamts, der Prüfungsabteilungen und der Rechtsabteilung können durch eine Beschwerde angefochten werden. Insbesondere die Entscheidungen der Einspruchsabteilungen sind anfechtbar.

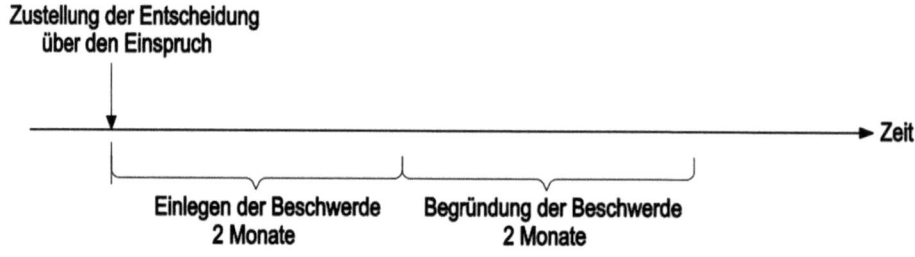

Abb. 13.1 Zeitlicher Ablauf eines Einspruchsbeschwerdeverfahrens

13.3 Beschwerdekammern

Die Beschwerdekammern stellen die erste und in aller Regel letzte gerichtliche Instanz für die Überprüfung der Entscheidungen des Europäischen Patentamts dar.[1]

13.4 Frist und Form

Eine Beschwerde kann innerhalb von zwei Monaten nach der Zustellung der Entscheidung über den Einspruch schriftlich beim Europäischen Patentamt eingereicht werden. Eine Beschwerde gilt nur als eingelegt, falls innerhalb derselben Zweimonats-Frist die Beschwerdegebühr entrichtet wird.[2] Innerhalb von weiteren zwei Monaten ist die Beschwerde zu begründen.[3]

13.5 Überprüfung durch die Große Beschwerdekammer

Ist ein Beteiligter eines Einspruchsbeschwerdeverfahrens beschwert, kann dieser in besonderen Ausnahmefällen eine Überprüfung der Entscheidung des Beschwerdeverfahrens anstreben. Voraussetzung hierzu ist insbesondere, dass die Beschwerdekammer falsch zusammengesetzt war[4], gegen das Prinzip des rechtlichen Gehörs ver-

---

[1] Europäisches Patentamt, https://www.epo.org/de/case-law-appeals/procedure, abgerufen am 27.02.2025.
[2] Artikel 108 Sätze 1 und 2 Europäisches Patentübereinkommen.
[3] Artikel 108 Satz 3 Europäisches Patentübereinkommen.
[4] Artikel 112a Absatz 2 b) Europäisches Patentübereinkommen; Artikel 3 Absatz 1 der Verfahrensordnung der Beschwerdekammern.

13.5 Überprüfung durch die Große Beschwerdekammer

stoßen wurde[5] oder beim Beschwerdeverfahren ein schwerwiegender Verfahrensmangel vorliegt[6].

Im Verfahren vor der Großen Beschwerdekammer wird den Beteiligten im schriftlichen Teil ausreichend Gelegenheit gegeben, ihre rechtliche Ansicht zur Geltung zu bringen.[7] Hierzu kann die Kammer vor der mündlichen Verhandlung in einer nicht bindenden Mitteilung die Beteiligten auf die zu klärenden Punkte hinweisen.[8]

In aller Regel findet eine mündliche Verhandlung statt, in der die Beteiligten ihre Argumente vorbringen können. Ist die Sache entscheidungsreif, beschließt der Vorsitzende der Kammer direkt nach der mündlichen Verhandlung und verkündet die Entscheidung (Stuhlurteil).[9]

---

[5] Artikel 112a Absatz 2 c) i. V. m. Artikel 113 Absatz 1 Europäisches Patentübereinkommen.
[6] Artikel 112a Absatz 2 d) Europäisches Patentübereinkommen.
[7] Artikel 14 Absatz 1 Verfahrensordnung der Großen Beschwerdekammer.
[8] Artikel 14 Absatz 2 erster Halbsatz i. V. m. Artikel 13 Verfahrensordnung der Großen Beschwerdekammer.
[9] Artikel 14 Absatz 6 Verfahrensordnung der Großen Beschwerdekammer.

Patentverletzungsverfahren 14

Inhaltsverzeichnis

14.1 Zeitlicher Ablauf eines Patentverletzungsverfahrens 106
14.2 Ansprüche 106
14.3 Aktivlegitimation 108
14.4 Grenzen der Anspruchsdurchsetzung 108
14.5 Patentstreitkammern 109
14.6 Anwaltszwang 109
14.7 Kosten 109

Mit einem Verletzungsverfahren geht der Patentinhaber gerichtlich gegen Verletzungen seines Patents vor. Eine typische Reaktion des vermeintlichen Patentverletzers ist die Erhebung einer Nichtigkeitsklage gegen das betreffende Patent vor dem Bundespatentgericht.

Auf eine Patentverletzung kann der Patentinhaber mit einer Berechtigungsanfrage, einer Abmahnung, einer einstweiligen Verfügung oder einem Klageverfahren reagieren. Mit einer Berechtigungsanfrage wird dem angeblichen Patentverletzer die Möglichkeit gegeben, Argumente, die gegen eine Patentverletzung sprechen, dem Patentinhaber mitzuteilen. Eine Abmahnung stellt den letzten Versuch dar, eine Patentverletzung außergerichtlich beizulegen. Eine Abmahnung enthält immer die Androhung einer gerichtlichen Auseinandersetzung und die Forderung der Abgabe einer strafbewehrten Unterlassungserklärung. Eine einstweilige Verfügung kann bei Dringlichkeit angestrebt werden und das Einreichen einer Unterlassungsklage gegen den Patentverletzer stellt die Patentdurchsetzung dar, die vom Gesetzgeber als normalen Weg vorgesehen ist.

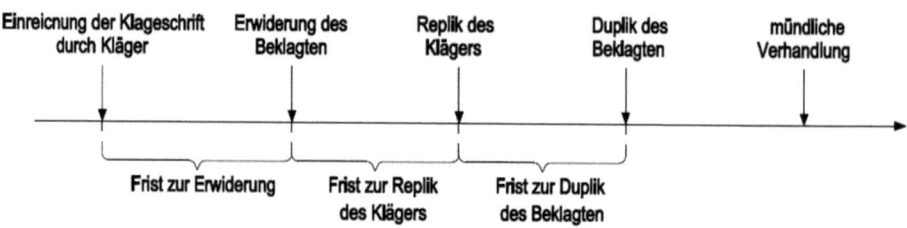

Abb. 14.1 Zeitlicher Ablauf eines Patentverletzungsverfahrens

14.1 Zeitlicher Ablauf eines Patentverletzungsverfahrens

Das Verletzungsverfahren beginnt mit der Einreichung einer Klageschrift des Patentinhabers bei einem zuständigen Landgericht. Die Klageschrift wird dem Beklagten vom Gericht übermittelt, dem eine Frist zur Stellungnahme eingeräumt wird. Auf diese Erwiderung des Beklagten kann der Patentinhaber mit einer erneuten Stellungnahme, der Replik, antworten. Dem Beklagten wird noch einmal eine Möglichkeit der Erwiderung, die Duplik, zugestanden, sodass in ausreichender Weise die Argumente der Parteien ausgetauscht werden. Die nachfolgende mündliche Verhandlung ist damit vorbereitet und der befasste Senat konnte sich mit den Argumenten der Parteien vertraut machen. Nach der Beendigung der mündlichen Verhandlung fällt das Gericht sein Urteil. Die Abb. 14.1 zeigt den zeitlichen Ablauf des Patentverletzungsverfahrens vor einem Zivilgericht.

14.2 Ansprüche

Dem Patentinhaber bzw. einem ausschließlichen Lizenznehmer stehen eine Reihe von Ansprüchen zu, die er in einem Verletzungsverfahren durchsetzen kann.

Unterlassungsanspruch
Ein Unterlassungsanspruch besteht bei Wiederholungsgefahr, falls die patentierte Erfindung bereits vom Unberechtigten benutzt wurde und daher eine Patentverletzung begangen wurde.[1] Ein Unterlassungsanspruch ergibt sich auch bei einer Erstbegehungsgefahr, falls aller Voraussicht nach eine erste Patentverletzung kurz bevorsteht.[2]

---

[1] § 139 Absatz 1 Satz 1 Patentgesetz.
[2] § 139 Absatz 1 Satz 2 Patentgesetz.

Schadensersatz

Der Patentinhaber oder ausschließliche Lizenznehmer kann bei Vorsatz oder Fahrlässigkeit, also Verschulden, des Patentverletzers Schadensersatz verlangen.[3] Fahrlässigkeit liegt bereits vor, falls vor der Benutzung einer Erfindung keine Recherche nach Patenten von Dritten erfolgte. Es ist daher in aller Regel von einer Berechtigung eines Schadensersatzanspruchs auszugehen, da offensichtlich verabsäumt wurde zu recherchieren. Wurde jedoch recherchiert und dennoch das Patent verletzt, kann sogar Vorsatz vermutet werden.

Der Schadensersatz kann nach drei unterschiedlichen Varianten berechnet werden, wobei dem Patentinhaber die Wahl des Verfahrens obliegt. Insbesondere kann nach der Lizenzanalogie der Schadensersatz berechnet werden. Diese Methode ist das zumeist angewendete Verfahren. Außerdem kann dem Patentinhaber der entgangene Gewinn ersetzt werden oder der Patentinhaber erhält den Verletzergewinn.

Vernichtung

Der Patentinhaber kann verlangen, dass patentverletzende Produkte vernichtet werden.[4] Beansprucht das Patent ein Verfahren, bezieht sich der Vernichtungsanspruch auf Produkte, die unmittelbar aus der Anwendung des patentgeschützten Verfahrens hervorgehen.[5] Sind Vorrichtungen und Materialien im Eigentum des Patentverletzers, mit denen patentverletzende Produkte hergestellt werden, kann sich der Vernichtungsanspruch auch auf diese Vorrichtungen und Materialien beziehen.[6] Beim Vernichtungsanspruch ist Verhältnismäßigkeit zu wahren und die berechtigten Interessen Dritter zu berücksichtigen.

Auskunft

Dem Patentinhaber steht ein Auskunftsanspruch zu, damit er sich über den Umfang der Patentverletzung einen Eindruck verschaffen kann.[7] Außerdem kann ihm damit ermöglicht werden, den geforderten Schadensersatz zu beziffern. Der Auskunftsanspruch bezieht sich auf die Lieferanten und den Vertriebsweg der patentverletzenden Erzeugnisse.

Rückruf

Dem Patentinhaber steht ein Rückrufanspruch zu, damit patentverletzende Produkte endgültig aus dem Vertriebsweg entfernt werden können.[8]

---

[3] § 139 Absatz 2 Satz 1 Patentgesetz.
[4] § 140a Absatz 1 Satz 1 Patentgesetz.
[5] § 140a Absatz 1 Satz 2 Patentgesetz.
[6] § 140a Absatz 2 Patentgesetz.
[7] § 140b Absatz 1 Patentgesetz.
[8] § 140a Absatz 3 Satz 1 Patentgesetz.

14.3 Aktivlegitimation

Die Ansprüche können vom Patentinhaber und dem ausschließlichen Lizenznehmer durchgesetzt werden. Ein einfacher Lizenznehmer ist dazu von sich aus nicht berechtigt. Allerdings kann der einfache Lizenznehmer durch gewillkürte Prozessstandschaft aktivlegitimiert werden.[9]

14.4 Grenzen der Anspruchsdurchsetzung

Eine Durchsetzung der Ansprüche aus einem Patent ist bei einer privaten Nutzung ausgeschlossen.[10] Außerdem kann eine Einzelzubereitung eines Medikaments durch einen Apotheker nicht verboten werden.[11] Die experimentelle Untersuchung einer patentgeschützten Erfindung ist dann erlaubt, wenn über den Gegenstand der Erfindung Erkenntnisse erlangt werden sollen.[12] Dies gilt jedoch nicht, wenn sich die Experimente nicht auf die patentierte Lehre beziehen, sondern die patentierte technische Lehre nur ein Werkzeug darstellt, um anders geartete Erkenntnisse zu gewinnen.[13]

Schiffe, Flugzeuge oder Automobile, die patentverletzende Produkte enthalten, jedoch nur vorübergehend oder zufällig in das Hoheitsgebiet Deutschlands geraten sind, können nicht als Patentverletzung geltend gemacht werden.[14]

Durch ein Vorbenutzungsrecht kann die Durchsetzung eines Patents verhindert werden, wobei der durch das Vorbenutzungsrecht Begünstigte die Erfindung des Patents bereits zum Anmeldezeitpunkt benutzt haben musste bzw. zumindest die erforderlichen Voraussetzungen zur Benutzung geschaffen haben musste. Nimmt das Patent eine Priorität in Anspruch, muss die Vorbenutzung entsprechend früher erfolgt sein.[15]

---

[9] Mes, 5. Aufl. 2020, PatG § 139 Rn. 44–51; Osterrieth, Teil 6. Patentverletzung Osterrieth, Patentrecht, 6. Auflage 2021, Rn. 927.
[10] § 11 Nr. 1 Patentgesetz.
[11] § 11 Nr. 3 Patentgesetz.
[12] § 11 Nr. 2 Patentgesetz.
[13] BGH 11.7.1995 – X ZR 99/92, GRUR 1996, 109 – Klinische Versuche I; BGH 17.4.1997 – X ZR 68/94, NJW 1997, 3092 – Klinische Versuche II.
[14] § 11 Nr. 4 und 5 Patentgesetz.
[15] § 12 Absatz 1 Satz 1 Patentgesetz.

14.5 Patentstreitkammern

Für jedes Bundesland in Deutschland wurden sogenannte „Patentstreitkammern" bestimmt, die für das betreffende Bundesland ausschließlich in Patentstreitsachen zuständig sind. Patentstreitkammern sind insbesondere in Düsseldorf, Mannheim und München eingerichtet.[16]

14.6 Anwaltszwang

Vor dem Land- und dem Oberlandesgericht besteht Anwaltszwang.[17] Das bedeutet, dass sich ein Patentinhaber und ein angeblicher Patentverletzer durch einen Rechtsanwalt vertreten lassen müssen. Ein Patentanwalt ist vor einem ordentlichen Gericht nicht vertretungsberechtigt.

14.7 Kosten

Vor den ordentlichen Gerichten gilt das Unterliegensprinzip, sodass die unterliegende Partei sämtliche Kosten, auch die Kosten des Gerichts und der gegnerischen Partei, aufgebürdet bekommt.[18]

---

[16] § 143 Absatz 2 Satz 1 Patentgesetz.
[17] § 78 Absatz 1 Satz 1 ZPO.
[18] § 91 Absatz 1 Satz 1 Zivilprozessordnung.

Einheitspatent 15

Inhaltsverzeichnis

15.1 Verfahren zum Einheitspatent 112
15.2 Jahresgebühren. 113
15.3 Einheitliches Patentgericht. 113

Seit dem 1. September 2024 kann nach einem Erteilungsverfahren vor dem Europäischen Patentamt ein Patent mit einheitlicher Wirkung für aktuell 18 Mitgliedsstaaten erlangt werden. Alternativ können wie bislang nationale europäische Patente angestrebt werden.

Aktuell können für folgende Staaten ein gemeinsames Einheitspatent angestrebt werden: Belgien, Bulgarien, Dänemark, Deutschland, Estland, Finnland, Frankreich, Italien, Lettland, Litauen, Luxemburg, Malta, die Niederlande, Österreich, Portugal, Rumänien, Slowenien, Schweden.[1]

Der große Vorteil des Einheitspatents ist, dass eine Validierung, Überwachung und Bezahlung der Jahresgebühren für die einzelnen Länder entfällt. Das Einheitspatent reduziert daher die Komplexität der Verwaltung.[2]

---

[1] EPA, https://www.epo.org/de/applying/european/unitary/unitary-patent, abgerufen am 25.02.2025.
[2] EPA, https://www.epo.org/de/applying/european/unitary/unitary-patent, abgerufen am 25.02.2025.

© Der/die Autor(en), exklusiv lizenziert an Springer-Verlag GmbH, DE, ein Teil von Springer Nature 2025
T. H. Meitinger, *Patenterteilung, Einspruch, Beschwerde und Nichtigkeit.*,
https://doi.org/10.1007/978-3-662-71434-8_15

2. Jahr	35 €	12. Jahr	1.775 €
3. Jahr	105 €	13. Jahr	2.105 €
4. Jahr	145 €	14. Jahr	2.455 €
5. Jahr	315 €	15. Jahr	2.830 €
6. Jahr	475 €	16. Jahr	3.240 €
7. Jahr	630 €	17. Jahr	3.640 €
8. Jahr	815 €	18. jahr	4.055 €
9. Jahr	990 €	19. Jahr	4.455 €
10. Jahr	1.175 €	20. Jahr	4.855 €
11. Jahr	1.460 €		

Abb. 15.1 Jahresgebühren für ein Einheitspatent

15.1 Verfahren zum Einheitspatent

Ein Einheitspatent kann durch einen Antrag auf einheitliche Wirkung erlangt werden.[3] Der Antrag ist ein Monat nach Bekanntmachung des Hinweises auf die Erteilung des europäischen Patents im Europäischen Patentblatt zu stellen. Der Antrag ist beim Europäischen Patentamt einzureichen.[4]

Der Antrag auf einheitliche Wirkung muss den antragstellenden Inhaber des europäischen Patents, die Nummer des europäischen Patents, den Vertreter des Antragstellers und eine Übersetzung des europäischen Patents ins Englische, falls die Verfahrenssprache Deutsch oder Französisch ist, oder ins Deutsche oder Französische, falls die Verfahrenssprache Englisch ist, enthalten.[5]

Das Europäische Patentamt prüft den Antrag und erteilt das Einheitspatent, falls die Formerfordernisse erfüllt sind.[6] Wurde der Antrag fristgemäß gestellt, wurden jedoch nicht alle Formerfordernisse erfüllt, so kann der Antragsteller bzw. dessen Vertreter die formalen Mängel innerhalb einer Frist von einem Monat nachholen.[7]

---

[3] Regel 5 Absatz 1 Durchführungsordnung zum einheitlichen Patentschutz (DOEPS).
[4] Regel 6 Absatz 1 Durchführungsordnung zum einheitlichen Patentschutz (DOEPS).
[5] Regel 6 Absatz 2 Durchführungsordnung zum einheitlichen Patentschutz (DOEPS).
[6] Regel 7 Absatz 1 Durchführungsordnung zum einheitlichen Patentschutz (DOEPS).
[7] Regel 7 Absatz 3 Durchführungsordnung zum einheitlichen Patentschutz (DOEPS).

15.2 Jahresgebühren

Die Jahresgebühren und die Zuschlagsgebühren bei verspäteter Zahlung sind an das Europäische Patentamt zu entrichten.[8]

Die Jahresgebühren für ein Einheitspatent betragen (Abb. 15.1):[9]

15.3 Einheitliches Patentgericht

Das Einheitliche Patentgericht ist ein supranationales Patentgericht, das für Einheitspatente und europäische Patente zuständig ist. Das Einheitliche Patentgericht ist insbesondere zuständig für Verletzungsverfahren und Verfahren zur gerichtlichen Prüfung der Rechtsbeständigkeit des betreffenden Patents durch eine Klage auf Nichtigkeit. Die Beteiligten profitieren dabei von dem Vorteil, dass sie nicht an mehreren nationalen Gerichten tätig sein müssen, sondern dass sie mit einem Gerichtsverfahren eine Entscheidung für aktuell 18 Staaten erreichen können.[10]

Das Einheitliche Patentgericht umfasst ein Gericht erster Instanz und ein Berufungsgericht. Die Zentralkammer der ersten Instanz befindet sich in Paris mit einer Abteilung in München. Außerdem gibt es Lokal- und Regionalkammern der ersten Instanz. Die zweite Instanz des Einheitlichen Patentgerichts ist das Berufungsgericht.[11] Das Berufungsgericht hat seinen Sitz in Luxemburg.[12]

---

[8] Regel 13 Absatz 1 Satz 1 Durchführungsordnung zum einheitlichen Patentschutz (DOEPS).
[9] Stand Februar 2025.
[10] EPA, https://www.epo.org/de/applying/european/unitary/upc, abgerufen am 26.02.2025.
[11] Einheitliches Patentgericht, https://www.unified-patent-court.org/de/gericht/vorstellung, abgerufen am 26.02.2025.
[12] EPA, https://www.epo.org/de/applying/european/unitary/upc, abgerufen am 26.02.2025.

Marken 16

Inhaltsverzeichnis

16.1 Widerspruch 115
16.2 Löschung 118
16.3 Verletzungsverfahren 120

Eine Marke kann durch einen fristgebundenen Widerspruch oder ein Löschungsverfahren angegriffen werden. Mit einem Verletzungsverfahren vor einem ordentlichen Gericht können die Rechte des Markeninhabers gegen den Markenverletzer geltend gemacht werden. Der Markeninhaber hat insbesondere das Recht, eine markenmäßige Benutzung seiner registrierten Marke durch einen Unberechtigten zu untersagen.

16.1 Widerspruch

Deutsche Marke
Innerhalb einer Frist von drei Monaten nach der Veröffentlichung der Eintragung einer Marke kann der Inhaber einer älteren Marke oder einer geschäftlichen Bezeichnung gegen die Eintragung der Marke Widerspruch erheben.[1]

---

[1] § 42 Absatz 1 Satz 1 Markengesetz.

Widerspruchsgründe

Ein Widerspruch kann nur auf älteren Rechten, insbesondere Markenrechten, Ursprungsbezeichnungen, geografischen Angaben oder geschäftlichen Bezeichnungen, gestützt werden bzw. gegen die Eintragung einer Agentenmarke gerichtet sein.[2]

Die absoluten Eintragungshindernisse, beispielsweise mangelnde Unterscheidungskraft und Verletzen des Freihaltebedürfnisses, stellen im Widerspruchsverfahren keine Widerrufsgründe dar.

Gütliche Einigung

Das Widerspruchsverfahren kann um mindestens zwei Monate gestoppt werden, um den Parteien die Möglichkeit zu geben, eine gütliche Einigung zu finden. Hierzu bedarf es des Antrags von allen am Verfahren Beteiligten.[3]

Inhalt des Widerspruchs

In dem Widerspruch muss die angegriffene Marke, das ältere Recht und der Widersprechende angegeben sein.[4] Wird ein älteres Recht geltend gemacht, das nicht im Register eines Patentamts enthalten ist, sind die Art, die Wiedergabe, die Form, der Zeitrang, der Gegenstand und der Inhaber des Kennzeichenrechts anzugeben.[5]

Aussetzung

Das Deutsche Patent- und Markenamt kann ein Widerspruchsverfahren aussetzen, wenn es dies für sachdienlich erachtet.[6] Eine Aussetzung kommt insbesondere infrage, wenn der Widerspruch wahrscheinlich erfolgreich ist und auf einer angemeldeten, noch nicht eingetragenen, Marke beruht oder wenn gegen die Widerspruchsmarke ein Löschungsverfahren anhängig ist.[7]

Gegenstandswert im Widerspruchsverfahren

Die Vergütung des Rechtsanwalts ergibt sich auf Basis des Gegenstandswerts des Verfahrens. Eine angegriffene junge Marke kann noch keinen großen Wert erlangt haben. Die Senate des Bundespatentgerichts nehmen typischerweise einen Gegenstandswert von 20.000 bis 50.000 € an.[8]

---

[2] § 42 Absatz 2 Markengesetz.
[3] § 42 Absatz 4 Markengesetz.
[4] § 30 Absatz 1 Satz 1 Markenverordnung.
[5] § 30 Absatz 1 Satz 2 Markenverordnung.
[6] § 32 Absatz 1 Markenverordnung.
[7] § 32 Absatz 2 Markenverordnung.
[8] BPatG 27 W(pat) 75/08; BPatG 26 W (pat) 47/10, BPatG 24 W (pat) 18/10; BPatG 25 W (pat) 29/10; BPatG 28 W (pat) 52/09; BPatG 30 W (pat) 108/05; BPatG 33 W (pat) 84/04.

16.1 Widerspruch

Rechtsinhaberschaft
Ein Widerspruch kann nur von einem Inhaber eines älteren Rechts auf Basis dieses Rechts eingelegt werden.[9] Die Inhaberschaft wird für den im Register eingetragenen vermutet.[10]

Nichtbenutzungseinrede
Der Inhaber der jüngeren Marke kann Nichtbenutzungseinrede erheben, wenn für die Widerspruchsmarke die Benutzungsschonfrist von fünf Jahren nach Eintragung bereits abgelaufen ist. In diesem Fall hat der Inhaber der Widerspruchsmarke die ernsthafte Benutzung seiner Marke innerhalb eines Zeitraums von fünf Jahren vor der Veröffentlichung der Eintragung der Marke, gegen die sich der Widerspruch richtet, glaubhaft zu machen.[11] Glaubhaftmachen bedeutet, dass mit einer überwiegenden Wahrscheinlichkeit die bestrittene Benutzung belegt wird. Es ist keine Beweiserbringung erforderlich.[12]

Rücknahme des Widerspruchs
Die Rücknahme des Widerspruchs führt zum Ende des Widerspruchsverfahrens. Zur Rücknahme des Widerspruchs ist ausschließlich der Inhaber der Widerspruchsmarke berechtigt.[13] Eine Rücknahme in einem Beschwerdeverfahren gegen die Entscheidung in einem Widerspruchsverfahren führt zur Wirkungslosigkeit einer eventuellen Löschung der jüngeren Marke.[14]

Unionsmarke
Innerhalb einer Frist von drei Monaten nach Veröffentlichung der Anmeldung einer Unionsmarke kann gegen die Eintragung einer Unionsmarke Widerspruch beim EUIPO eingelegt werden. Ein Widerspruch kann nur damit begründet werden, dass die jüngere Marke das Recht eines älteren Rechts verletzt. Eine Rechtsverletzung besteht, wenn Verwechslungsgefahr zwischen der älteren und der jüngeren Marke vorliegt bzw. wenn Doppelidentität gegeben ist. Bei Doppelidentität ist von identischen Waren und Dienstleistungen und identischen Markendarstellungen auszugehen.

Der Widerspruch ist schriftlich einzureichen und zu begründen. Ein Widerspruch ist erst wirksam eingelegt, wenn die Widerspruchsgebühr bezahlt wurde.[15]

---

[9] § 42 Absatz 1 Markengesetz.
[10] § 28 Absatz 1 Markengesetz.
[11] § 43 Absatz 1 Markengesetz.
[12] § 43 Absatz 1 Markengesetz a. F. i. V. m. § 294 Zivilprozessordnung.
[13] § 42 Absatz 1 Markengesetz.
[14] § 82 Absatz 1 Satz 1 Markengesetz i. V. m. § 269 Absatz 3 Satz 1 Zivilprozessordnung.
[15] Artikel 46 Absatz 3 Unionsmarkenverordnung.

Verfahren des Widerspruchs

Das EUIPO fordert die Beteiligten des Widerspruchs unter Bestimmung einer Frist so oft zur Stellungnahme zu amtlichen Bescheiden oder zu Schriftsätzen der Gegenseite auf, wie dies zur Klärung der Sache erforderlich ist.

Nichtbenutzungseinrede

Der Anmelder der jüngeren Marke kann von dem Inhaber der älteren Marke verlangen, dass dieser die Benutzung nachweist. Der Inhaber muss in diesem Fall eine Benutzung während der fünf Jahre vor dem Anmelde- oder Prioritätstag der angegriffenen Markenanmeldung belegen. Dies ist nur erforderlich, wenn die Unionsmarke bereits seit fünf Jahren eingetragen ist.[16]

Ist der Nachweis der Benutzung erforderlich, gelingt er jedoch nicht, wird der Widerspruch zurückgewiesen.[17]

Ist die Widerspruchsmarke eine Unionsmarke und wird die Benutzung nur für einen Teil der Waren und Dienstleistungen nachgewiesen, gilt die Unionsmarke im Widerspruchsverfahren nur für diese Waren und Dienstleistungen als eingetragen.[18]

Wird die Anmeldung mit einer nationalen Marke angegriffen, ist bei der Erhebung der Nichtbenutzungseinrede die Benutzung nur für den jeweiligen Mitgliedsstaat nachzuweisen.[19]

Entscheidung

Die Anmeldung der Unionsmarke wird für diejenigen Waren und Dienstleistungen zurückgewiesen, für die der Widerspruch begründet ist.[20] Im Übrigen wird der Widerspruch zurückgewiesen.[21] Die Entscheidung über den Widerspruch wird nach erlangter Rechtskraft veröffentlicht.[22]

16.2 Löschung

Mit einem Löschungsantrag kann ein Verfahren vor dem deutschen Patentamt bzw. dem EUIPO zur Entfernung einer Marke aus dem Register gestartet werden.

---

[16] Artikel 47 Absatz 2 Satz 1 Unionsmarkenverordnung.
[17] Artikel 47 Absatz 2 Satz 2 Unionsmarkenverordnung.
[18] Artikel 47 Absatz 2 Satz 3 Unionsmarkenverordnung.
[19] Artikel 47 Absatz 3 Unionsmarkenverordnung.
[20] Artikel 47 Absatz 5 Satz 1 Unionsmarkenverordnung.
[21] Artikel 47 Absatz 5 Satz 2 Unionsmarkenverordnung.
[22] Artikel 47 Absatz 6 Unionsmarkenverordnung.

16.2 Löschung

Deutsche Marke
Eine deutsche Marke kann mit einem Löschungsverfahren vor dem Deutschen Patent- und Markenamt aus dem Register entfernt werden.

Löschung wegen Verfalls
Ein Antrag auf Löschung ist erfolgreich, wenn die betreffende Marke innerhalb eines ununterbrochenen Zeitraums von fünf Jahren ab dem Tag, an dem kein Widerspruch mehr möglich war, nicht mehr benutzt wurde.[23] Keine Löschungsreife liegt vor, wenn eine ernsthafte Benutzung im Inland für die eingetragenen Waren und Dienstleistungen erfolgte.[24] Eine Heilung der Löschungsreife kann eingetreten sein, wenn eine Benutzung wieder aufgenommen wurde.[25] Eine Heilung ist nicht eingetreten, wenn die Benutzung nach Kenntnisnahme des Antrags auf Löschung erfolgte.[26]

Eine Löschung ist außerdem möglich, wenn die Marke zur gebräuchlichen Bezeichnung der Waren und Dienstleistungen geworden ist und der Markeninhaber nicht entgegen gewirkt hat.[27] Ein Antrag auf Löschung wird außerdem bei einer Täuschungsgefahr der Marke erfolgreich sein.[28]

Die Löschungsgründe sind für sämtliche Waren und Dienstleistungen zu prüfen. Sind die Verfallsgründe nur für einzelne Waren und Dienstleistungen begründet, ist die Marke nur für diese Waren und Dienstleistungen zu löschen.[29]

Löschung wegen absoluter Schutzhindernisse
Die Markeneintragung kann insbesondere wegen fehlender Unterscheidungskraft[30] oder dem Verletzen eines Freihaltebedürfnisses[31] angegriffen werden.[32]

Löschung wegen älterer Rechte
Eine Löschung wegen älterer Rechte kann durch eine Klage vor einem ordentlichen Gericht[33] oder durch einen Antrag beim Deutschen Patent- und Markenamt erreicht werden.[34]

---

[23] § 49 Absatz 1 Satz 1 Markengesetz.
[24] § 26 Absatz 1 Markengesetz.
[25] § 49 Absatz 1 Satz 2 Markengesetz.
[26] § 49 Absatz 1 Satz 3 Markengesetz.
[27] § 49 Absatz 2 Nr. 1 Markengesetz.
[28] § 49 Absatz 2 Nr. 2 Markengesetz.
[29] § 49 Absatz 3 Markengesetz.
[30] § 8 Absatz 2 Nr. 1 Markengesetz.
[31] § 8 Absatz 2 Nr. 2 Markengesetz.
[32] Artikel 50 Absatz 1 Markengesetz.
[33] § 55 Absatz 1 Satz 1 Markengesetz.
[34] § 51 Absatz 1 Satz 1 Markengesetz.

Unionsmarke
Mit einem Löschungsantrag wegen Verfalls oder Nichtigkeit kann eine Unionsmarke angegriffen werden. Ein Nichtigkeitsverfahren kann auf absoluten und relativen Nichtigkeitsgründen beruhen.

Löschung wegen Verfalls
Eine Unionsmarke kann durch ein amtliches Verfahren vor dem EUIPO für verfallen erklärt werden. Außerdem kann aufgrund einer Widerklage durch das Verletzungsgericht die Unionsmarke für verfallen erklärt werden.[35] Voraussetzung hierzu ist, dass die Unionsmarke innerhalb eines Zeitraums von fünf Jahren nicht ernsthaft benutzt wurde und auch keine ernsthafte Benutzung vor Antragstellung der Löschungsklage erfolgte.[36] Eine Benutzung innerhalb eines Zeitraums von drei Monaten vor Antragstellung bleibt unbeachtlich, wenn die Benutzungsaufnahme nach Kenntnisnahme der Löschungsklage oder einer drohenden Löschungsklage erfolgte.[37]

Ein weiterer Verfallsgrund ist gegeben, wenn der Inhaber nicht verhinderte, obwohl es ihm möglich gewesen wäre, dass die Unionsmarke zu einer gebräuchlichen Bezeichnung einer Ware oder Dienstleistung, für die sie eingetragen ist, wurde.[38]

Außerdem droht Verfall, falls die Unionsmarke durch ihre Benutzung eine Eignung zur Irreführung angenommen hat.[39]

Eine Unionsmarke kann nur für diejenigen Waren und Dienstleistungen für verfallen erklärt werden, für die ein Verfallsgrund eingetreten ist.[40]

Löschung wegen Nichtigkeit
Eine Unionsmarke kann wegen absoluten und relativen Nichtigkeitsgründen für nichtig erklärt werden. Der Unterschied liegt darin, dass die absoluten Nichtigkeitsgründe von jedermann wirksam angeführt werden können, die relativen Nichtigkeitsgründe jedoch nur vom Inhaber der älteren Marke.

16.3 Verletzungsverfahren

Mit einem Verletzungsverfahren vor einem ordentlichen Gericht können die Ansprüche eines Markeninhabers gegenüber einem Verletzer geltend gemacht werden.

---

[35] Artikel 58 Absatz 1 Unionsmarkenverordnung.
[36] Artikel 58 Absatz 1 a) erster und zweiter Halbsatz Unionsmarkenverordnung.
[37] Artikel 58 Absatz 1 a) dritter Halbsatz Unionsmarkenverordnung.
[38] Artikel 58 Absatz 1 b) Unionsmarkenverordnung.
[39] Artikel 58 Absatz 1 c) Unionsmarkenverordnung.
[40] Artikel 58 Absatz 2 Unionsmarkenverordnung.

Deutsche Marke

Eine Verletzung kann geltend gemacht werden, wenn der angebliche Verletzer eine verwechslungsfähige Bezeichnung markenmäßig verwendet. Markenverletzung besteht daher nur, wenn die angegriffene Bezeichnung zur Herkunftsbezeichnung benutzt wird. Dasselbe gilt bei Doppelidentität.[41]

Unionsmarke

Eine Verletzung einer Unionsmarke wird vor einem jeweiligen Zivilgericht in dem betreffenden Staat der Europäischen Union verhandelt.

---

[41] § 14 Absatz 2 Markengesetz.

Designrechte 17

Inhaltsverzeichnis

17.1 Nichtigkeitsverfahren... 123
17.2 Verletzungsverfahren... 126

Ein Designrecht kann mit einem Nichtigkeitsverfahren angegriffen werden. Alternativ kann eine Nichtigerklärung durch eine Widerklage in einem Verletzungsverfahren erreicht werden.[1]

17.1 Nichtigkeitsverfahren

Das Nichtigkeitsverfahren ist ein amtliches Verfahren, das gegen ein deutsches Design vor dem Deutschen Patent- und Markenamt und gegen ein Gemeinschaftsgeschmacksmuster vor dem EUIPO geführt wird.

Deutsches Design
Ein deutsches Design kann mit einem Nichtigkeitsverfahren vor dem Deutschen Patent- und Markenamt gelöscht werden.

---

[1] § 33 Absatz 3 Designgesetz bzw. Artikel 24 Absatz 1 Gemeinschaftsgeschmacksmusterverordnung (GGV).

Nichtigkeitsgründe
Ein Design kann aufgrund von absoluten und relativen Nichtigkeitsgründen für nichtig erklärt werden. Die absoluten Nichtigkeitsgründe können von jedermann geltend gemacht werden, die relativen Nichtigkeitsgründe jedoch nur von dem in seinem Recht Verletzten.

Absolute Nichtigkeitsgründe sind mangelnde Neuheit und fehlende Eigenart.[2] Weitere absolute Löschungsgründe liegen vor, falls die Gestaltungsform rein technischer Natur ist oder das Design seine besondere Ausformung deswegen aufweist, um komplementär mit weiteren Elementen zusammengefügt zu werden. Außerdem kann das Verletzen der öffentlichen Ordnung und der guten Sitten als absoluter Nichtigkeitsgrund geltend gemacht werden.[3]

Die relativen Nichtigkeitsgründe ergeben sich aus einer Verletzung eines älteren Rechts, wobei nur der Inhaber des älteren Rechts aktivlegitimiert ist. Ein älteres Recht muss nicht ein Designrecht sein. Neben der Verletzung eines Designrechts kann eine Verletzung eines Urheberrechts und eines Markenrechts zu einem relativen Nichtigkeitsgrund führen.

Ablauf des Nichtigkeitsverfahrens
Das Nichtigkeitsverfahren beginnt auf Antrag, wobei dem Antrag die geltend gemachten Nichtigkeitsgründe, die Tatsachen und Beweismittel beizufügen sind.[4]

Das Deutsche Patent- und Markenamt übersendet den Antrag dem Inhaber des angegriffenen Designs und gibt ihm die Gelegenheit, innerhalb einer Frist von einem Monat dem Antrag auf Löschung zu widersprechen. Ohne einen fristgemäßen Widerspruch wird das Designrecht aus dem Register gelöscht (Säumnis).[5]

Widerspricht der Inhaber des Designrechts beginnt das streitige Verfahren vor dem Deutschen Patent- und Markenamt. Es kann eine mündliche Anhörung angesetzt werden, falls dies von einem der Beteiligten beantragt wird bzw. das Deutsche Patent- und Markenamt dies für sachdienlich erachtet.[6]

Das Deutsche Patent- und Markenamt wird in aller Regel über die Kosten entscheiden, wobei das Unterliegensprinzip zum Einsatz kommt. Demnach wird in einem streitigen Nichtigkeitsverfahren über ein Designrecht der unterliegenden Partei die Kosten des Verfahrens aufgebürdet. Die unterliegende Partei hat daher auch die Kosten der

---

[2] § 33 Absatz 1 Nr. 2 Designgesetz.
[3] § 33 Absatz 1 Nr. 3 i. V. m. § 3 Absatz 1 Nr. 1 bis 3 Designgesetz.
[4] § 34a Absatz 1 Sätze 1 und 2 Designgesetz.
[5] § 34a Absatz 2 Sätze 1 und 2 Designgesetz.
[6] § 34a Absatz 3 Designgesetz.

Gegenseite für deren sachgerechte Verfahrensführung zu tragen.[7] Findet keine Kostenentscheidung statt, trägt jede Partei ihre Kosten selbst.[8]

Ein Dritter kann dem Nichtigkeitsverfahren beitreten, falls der Dritte ein rechtliches Interesse geltend machen kann. Insbesondere liegt ein rechtliches Interesse vor, wenn der Dritte aus dem Streitdesign abgemahnt oder auf Verletzung verklagt wurde.[9]

Ein Antrag auf Nichtigerklärung kann unzulässig sein, wenn der Antragsteller durch eine Nichtangriffsabrede gebunden ist. Allerdings gilt dies nur, falls die Nichtangriffsabrede zulässig ist, da sie nicht dazu führt, den Handel oder den Wettbewerb zwischen den EU-Mitgliedsstaaten spürbar zu beeinträchtigen.[10]

Ist das Designrecht bereits abgelaufen, kann es dennoch durch einen Antrag auf Nichtigerklärung angegriffen werden, um die Durchsetzung von Rechten für die Vergangenheit zu verhindern.[11]

Gemeinschaftsgeschmacksmuster
Ein Gemeinschaftsgeschmacksmuster kann durch ein Nichtigkeitsverfahren vor dem EUIPO oder durch eine Widerklage in einem Designverletzungsverfahren vor einem Gemeinschaftsgeschmacksmustergericht für nichtig erklärt werden.[12]

Der Antragsteller hat seinen Antrag zu begründen und die Gebühr für einen Antrag auf Nichtigerklärung zu entrichten.[13]

Das Nichtigkeitsverfahren vor dem EUIPO erfolgt ausschließlich im schriftlichen Verfahren. Es findet keine mündliche Anhörung oder Verhandlung statt. Das EUIPO fordert die Beteiligten so oft wie dies zur Klärung der Sache erforderlich ist zur Stellungnahme auf. Hierzu wird den Beteiligten jeweils eine Frist gesetzt.[14] Ein bereits abgelaufenes Designrecht kann wegen der Geltendmachung von Rechten für die Vergangenheit mit einem Nichtigkeitsverfahren angegriffen werden.[15]

Internationale Eintragung
Eine internationale Eintragung kann für Deutschland durch ein Nichtigkeitsverfahren vor dem Deutschen Patent- und Markenamt für unwirksam erklärt werden.[16]

---

[7] § 91 Absatz 1 Satz 1 ZPO.
[8] § 34a Absatz 5 Satz 4 Designgesetz.
[9] § 34c Absatz 1 Designgesetz.
[10] Artikel 101 AEUV.
[11] § 33 Absatz 5 Designgesetz.
[12] Artikel 24 Absatz 1 GGV.
[13] Artikel 52 Absatz 2 GGV.
[14] Artikel 53 Absatz 2 GGV.
[15] Artikel 24 Absatz 2 GGV.
[16] § 70 Absatz 1 Satz 1 Designgesetz.

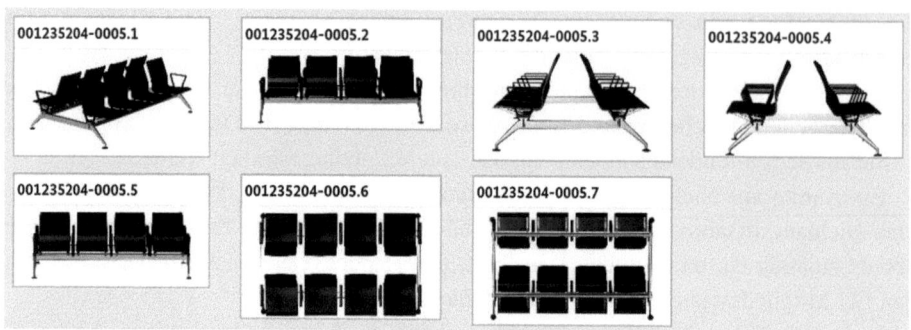

Abb. 17.1 Designrecht „Wartebank" GGM 001235204-0005

17.2 Verletzungsverfahren

Ein Designrecht ist ein ungeprüftes Schutzrecht, da es vor der Eintragung in das Register nicht vom betreffenden Patentamt auf Rechtsbeständigkeit geprüft wird. Bevor eine Verletzungsklage erhoben wird, sollte der Verletzungskläger daher mit einem eigenen Gutachten eine Prüfung vornehmen.

Eine Prüfung des Designrechts vor der Einlegung einer Verletzungsklage umfasst mehrere Schritte. Zunächst ist der vorbekannte Formenschatz zu bestimmen. Das Design ist danach in seine Merkmale zu zergliedern und auf Rechtsbeständigkeit gegenüber dem vorbekannten Formenschatz zu prüfen. In einem letzten Schritt kann anhand der Merkmalsgliederung festgestellt werden, ob tatsächlich eine Designverletzung vorliegt. Die Prüfung erfolgt aus der Sicht eines informierten Benutzers.

Vorbekannter Formenschatz
Die Ermittlung des vorbekannten Formenschatzes dient der Beurteilung der Rechtsbeständigkeit und des Schutzumfangs, der dem Designrecht zugestanden werden kann.

Der vorbekannte Formenschatz umfasst sämtliche Designs, die vor dem Anmelde- oder Prioritätstag eines Designrechts bekannt waren, und die zur Bewertung der Rechtsbeständigkeit und des Schutzumfangs des Designrechts von Bedeutung sind.

Kann kein relevanter vorbekannter Formenschatz ermittelt werden, wird dem Designrecht ein großer Schutzbereich zugebilligt. Ein angeblicher Verletzer sollte daher im eigenen Interesse eine Recherche nach dem vorbekannten Formenschatz des angeblich verletzten Designs durchführen, um den Schutzumfang des angeblich verletzten Designs klein zu halten.

Können insbesondere sehr ähnliche Designs im vorbekannten Formenschatz ermittelt werden, kann das betreffende Designrecht einen nur kleinen Schutzbereich entfalten. In diesem Fall muss eine Verletzungsform sämtliche wesentlichen Merkmale eines Designrechts erfüllen, damit von einer Verletzung ausgegangen werden kann.

Ist das Designrecht näher einem Design des vorbekannten Formenschatzes denn der angeblichen Verletzungsform, kann eine Designverletzung ausgeschlossen werden.

Gesamteindruck
Die Merkmalsgliederung ist eine Auflistung der Merkmale des Designs, die für den Gesamteindruck bestimmend sind. Rein technische Merkmale sind aus der Merkmalsgliederung zu entfernen. Die übrigbleibenden Merkmale sind in ihrer Bedeutung zu gewichten.

Informierter Benutzer
Zur Beurteilung der Rechtsbeständigkeit und einer Designverletzung ist auf den informierten Benutzer abzustellen. Der informierte Benutzer zeichnet sich durch eine hohe Aufmerksamkeit aus. Der informierte Benutzer ist kein Designexperte, allerdings hat er ein grundlegendes Wissen über Designs. Der informierte Benutzer erkennt Unterschiede, die einem durchschnittlichen Verbraucher nicht auffallen würden.[17]

Beispiel einer Merkmalsgliederung
Der Bundesgerichtshof erstellte von einem Designrecht betreffend eine Sitzanordnung für einen Wartebereich, beispielsweise für einen Flughafen, eine Merkmalsgliederung. Bei dem Designrecht handelte es sich um das Gemeinschaftsgeschmacksmuster GGM 001235204-0005. Die Abb. 17.1 zeigt die sieben Ansichten des Gemeinschaftsgeschmacksmusters.[18]

Die Merkmalsgliederung des Bundesgerichtshofs lautete:[19]

„*Wartebank*

(1) *mit insgesamt 8 jeweils durchgehenden, ergonomisch geformten, eckigen Sitzschalen in dunkler Farbe,*
(2) *wobei immer 4 Sitzschalen mit einem gewissen Abstand zueinander jeweils mittels zweier auskragender Stege, die vorne an der Sitzschale angreifen, an einem horizontalen Träger befestigt sind,*
(3) *die einzelnen Sitzschalen werden eingerahmt von trapezförmigen Armlehnen, deren kürzere Grundseite am Träger befestigt ist,*
(4) *die beiden Träger verlaufen parallel zueinander, sodass die beiden Sitzreihen „back-to-back" angeordnet sind,*

---

[17] EuGH, 20.10.2011, C-281/10 P, GRUR 2012, 506 – PepsiCo.
[18] DPMA, https://register.dpma.de/DPMAregister/gsm/registerhabm?DNR=001235204-0005, abgerufen am 05.09.2023.
[19] BGH, 24.01.2019, I ZR 164/17 – Meda Gate, https://juris.bundesgerichtshof.de/cgi-bin/rechtsprechung/document.py?Gericht=bgh&Art=en&Datum=Aktuell&Sort=12288&nr=93144&pos=27&anz=583, abgerufen am 05.09.2023.

(5) *und werden lediglich an ihren beiden Enden von einem trapezförmigen Gestell mit zwei Füßen getragen,*
(6) *deren angewinkelte Enden runde Gleiter in der Farbe der Sitzschalen aufweisen."*

Die Verfahren wegen einer Designverletzung finden vor Land- und Oberlandesgerichten statt, wobei für jedes Bundesland besondere Kammern, die auf Designverletzungen spezialisiert sind, zuständig sind.[20] In einem Verletzungsverfahren kann mit einer Widerklage die Rechtsbeständigkeit des dem Verletzungsverfahren zugrunde liegenden Designs bestritten werden.[21] Wird eine entsprechende Widerklage erhoben, prüft das befasste Gericht nicht nur die Verletzung, sondern zusätzlich die Rechtsbeständigkeit des Designrechts.

Grenzen der Durchsetzung
Für die Durchsetzung eines Designrechts bestehen Grenzen. Insbesondere sind Vorbenutzungsrechte und eine mangelnde Durchsetzbarkeit bei einer rein technisch bedingten Gestaltung oder einer nicht gegebenen Sichtbarkeit des Designs zu beachten.

Ein Vorbenutzungsrecht ist gegeben, falls das Design bereits vor seiner Anmeldung beim Patentamt durch einen Dritten benutzt wurde.[22]

Bei einer technisch bedingten Ausformung des Designs, ist das betreffende Designrecht nicht rechtsbeständig.[23] Technische Ausformungen sollen durch ein Patent oder ein Gebrauchsmuster und nicht durch das Designrecht geschützt werden.

Ein Designschutz kann nur für Ausformungen angestrebt werden, die im üblichen Gebrauch sichtbar sind.[24] Ein üblicher Gebrauch ist keine Reparatur.

---

[20] § 52 Absätze 2 und 3 Designgesetz.
[21] § 52b Absatz 1 Satz 1 Designgesetz.
[22] BGH, 29.06.2017, I ZR 9/16 – Bettgestell, https://juris.bundesgerichtshof.de/cgi-bin/rechtsprechung/document.py?Gericht=bgh&Art=en&az=I%20ZR%209/16&nr=80242, abgerufen am 06.09.2023.
[23] § 3 Absatz 1 Nr. 1 Designgesetz bzw. Artikel 8 Absatz 1 GGV.
[24] § 4 Designgesetz bzw. Artikel 4 Absatz 2 lit. a GGV.

Stichwortverzeichnis

A
Abhilfe, 52
Abmahnung, 105
Aktivlegitimation, 108
Angemessenheit, 44
Anhörung, mündliche, 5, 35, 124, 125
Anmelder, 2–5, 18–20, 30, 35, 49, 118
Anmeldetag, 2, 3, 18, 41, 71
Antrag, 3, 5, 17, 18, 25, 35, 49, 52, 53, 57–59, 61, 69, 78, 90, 99, 112, 119, 124, 125
Antragsteller, 57, 58, 112, 125
Anwendbarkeit, gewerbliche, 12, 71
Aufgabe, technische, 22, 23, 26, 33
Aufgabe-Lösungs-Ansatz, 22
Ausführbarkeit, 6, 12, 20, 41, 43, 76, 85, 89, 99
Auskunftsanspruch, 107
Auslegung
  funktionale, 44
  systematische, 44
  wortlautgemäße, 44
Aussetzung, 61, 62, 72, 73, 116

B
Befangenheit, 78
Beitritt, 45, 52
Benutzer, informierter, 127
Benutzung
  ernsthafte, 117, 120
  private, 3, 12
Benutzungsschonfrist, 117
Berechtigungsanfrage, 105
Berufungsgericht, 113

Bescheid, 4, 18
Bescheidserwiderung, 4, 5, 20–22, 24–26, 30, 31
Beschluss, 46, 49, 52, 53, 59, 63–65, 80
Beschwerdefrist, 49, 50, 53
Beschwerdeführer, 49, 50, 52, 66
Beschwerdegebühr, 52, 53, 102
Beschwerdesenat, 14, 63
Beschwerdeverfahren, 6, 47, 48, 52, 53, 65, 103, 117
Beteiligte, 2, 12, 46, 53, 65, 66, 102
Beweismittel, 41, 50, 69, 74, 124
Bezeichnung
  gebräuchliche, 119, 120
  geschäftliche, 116
BGH, 7–11, 14, 39, 40, 42, 44, 45, 49, 50, 63, 71–74, 108, 127, 128
Billigkeit, 46, 53, 66
BPatG, 13, 42, 45, 47, 49, 55, 74, 116
Bundespatentgericht, 2, 10, 13, 14, 38, 39, 47, 48, 52, 53, 55, 56, 59, 61, 62, 64, 65, 67–70, 73, 74, 78, 80, 105

C
Could-Would-Test, 11, 22, 42, 97

D
Designrecht, 4, 15, 123–128
Designverletzung, 126–128
Doppelpatentierung, 10, 72
DPMA, 2, 13, 27–29, 38, 39, 41, 47, 51, 53, 66, 94, 127

Dringlichkeit, 105
Durchsetzung, 37, 108, 125, 128

E
Eigenart, 124
Einheitspatent, 113
Einspruchsabteilung, 40, 44, 45, 49, 55, 74, 81, 84, 90, 101
Einspruchsgebühr, 46
Einspruchsgrund, 5, 42, 84
Eintragung, internationale, 125
Eintragungshindernis, absolutes, 116
Einwendungen Dritter, 12
EPA, 8, 10, 13, 42, 81, 82, 111, 113
Erfinderbenennung, 72
erfinderische Tätigkeit, 85, 88, 89, 92, 97–99
Erfindernennung, 19
Erfindung, 3, 4, 6–12, 19, 22, 23, 41–44, 46, 51, 70, 71, 85, 91, 106, 108
Ermessen, billiges, 46
Erweiterung, unzulässige, 6, 12, 31, 41, 72, 76
EUIPO, 4, 15, 117, 118, 120, 123, 125
Europäisches Patentamt, 10
Experiment, 3, 8, 12, 71, 108
Ex-Post-Betrachtung, 42

F
Fachkönnen, 7, 9, 41, 42
Fachmann, 6–12, 22, 23, 31–33, 41–43, 69, 71, 75, 85, 89
Fachwissen, 7–9, 23, 26, 41, 42, 71, 88, 89
Feststellungsklage, 45
Formenschatz, vorbekannter, 126, 127
Formerfordernis, 112
Freihaltebedürfnis, 116, 119
Fristverlängerung, 64

G
Gebiet, technische, 7, 8, 23, 33, 43
Gebrauch, üblicher, 128
Gebrauchsmusterabteilung, 57–59, 61
Gegenstandswert, 59, 116
Gehör, rechtliches, 44, 64, 102
Gemeinschaftsgeschmacksmuster, 15, 123, 125, 127
Gesamteindruck, 127

Glaubhaftmachen, 117
Grundgesetz, 44, 45

H
Hauptanspruch, 21, 76, 79, 85, 88, 89
Herkunftsbezeichnung, 121

I
Inhaber, 2, 58, 112, 115–118, 120, 124
Interesse
 öffentliches, 52
 rechtliches, 69, 125

J
Jahresgebühr, 111–113

K
Kammer, 63, 64, 103
Kennzeichenrecht, 116
Klagegrund, 69, 70
Klageschrift, 69, 75, 106
Kosten, 46, 53, 59, 66, 80, 109, 124

L
Lehre, technische, 4, 6, 8, 10, 26, 42, 43, 108
litigation, 4
Lizenznehmer, 106–108
Löschung, 57–59, 61, 117–120, 124
Löschungsreife, 119
Löschungsverfahren, 2, 57, 59

M
Marke, 4, 14, 115–121
Markeninhaber, 115, 120
Markenverletzer, 115
Merkmal, 9–11, 21–23, 30, 70–72, 76, 86, 88–90, 99, 126, 127
Merkmalsgliederung, 92, 126, 127

N
naheliegend, 11, 23, 26, 41, 42
Neuheit, 4, 5, 8–10, 20–22, 25, 31, 41, 43, 70, 75, 76, 85, 88, 92, 99, 124

Neuheitsprüfung, 9, 10, 21
Nichtangriffsabrede, 125
Nichtbenutzungseinrede, 117, 118
Nichtigkeitssenat, 14, 77
Nutzung, private, 108

O
Ordnung, öffentliche, 124

P
Partei, 2, 46, 78–80, 109, 124
Patentabteilung, 37, 40, 46, 47, 52
Patentamt, 2, 3, 5, 6, 10–13, 18, 22, 24–26, 29–33, 35, 39, 40, 42, 43, 46, 47, 49, 51, 52, 57, 71, 81, 82, 84–93, 95–97, 99, 102, 111–113, 118, 126, 128
Patenterschleichung, 72
Patentgericht, einheitliches, 113
Patentierungsvoraussetzung, 2
Patentinhaber, 3, 37, 40, 45, 46, 49, 67–69, 105–109
Patentstreitkammer, 5, 14, 109
Patentverletzung, 3, 5, 7, 44, 45, 105–108
Präsident des Patentamts, 52
Priorität, 19, 41, 72, 76, 109
Prioritätsfrist, 18
Problem-Solution-Approach, 22
Product-by-process-Anspruch, 72
Prosecution, 4
Prozessstandschaft, 108
Prüfer, 10, 20–22, 29, 31, 35
Prüfungsantrag, 3, 17, 18
Prüfungsgebühr, 18
Prüfungsstelle, 47, 51, 52

R
Recht, älteres, 116, 124
Rechtsbeständigkeit, 2–4, 12, 70, 73, 113, 126–128
Rechtskraft, 118
Rechtsmittel, 2, 55, 101
Rechtsnorm, 65, 78
Rechtsprechung, 14, 64, 70
Rechtssicherheit, 44
Rechtsverletzung, 65, 78–80, 117

Rücknahme, 40, 46, 117
Rückrufanspruch, 107

S
Schutzrecht, ungeprüftes, 2, 3, 126
Schutzumfang, 7, 17, 43, 44, 72, 126
Senat, 14, 61, 106
Sichtbarkeit, 128
Sinngehalt, 43, 44
Sitte, gute, 70, 124
Stand der Technik, 4, 6, 9–12, 17, 21–23, 26, 31, 41, 42, 74–76, 87, 88, 92, 93, 97, 98
  nächstliegender, 22, 23, 33
Stellungnahme, 52, 57, 68, 83, 90, 92, 99, 106, 118, 125
Streitgegenstand, 13, 69, 79
Streitpatent, 45, 75, 76, 83–87, 90, 92, 93, 97, 98

T
Tätigkeit, erfinderische, 4–7, 9–11, 20, 22, 24, 25, 35, 41–43, 71, 76
Tatsache, 41, 50, 53, 58, 65, 69, 74, 79, 124
Täuschungsgefahr, 119
Techniker, 11
technische Lehre, 87, 93
Trennungsprinzip, 72

U
Unionsmarke, 117, 118, 120, 121
Unteranspruch, 21
Unterliegensprinzip, 109, 124
Unterscheidungskraft, mangelnde, 116
Unterscheidungsmerkmal, 22, 23
unzulässige Erweiterung, 85, 89, 98, 99
Urheberrecht, 124
Urteil, 73, 74, 78–80, 106

V
Validierung, 111
Verfahren
  mündliches, 52
  schriftliches, 4, 101, 125
  streitiges, 43

Verfallsgrund, 120
Verfügung, einstweilige, 105
Verletzungsform, 126, 127
Verletzungsklage, 45, 126
Veröffentlichung, 2, 5, 20, 39, 41, 51, 74, 82, 88, 115, 117
Vertretungszwang, 80
Verwechslungsgefahr, 116, 117
Verzicht, 46, 50
Vorbenutzungsrecht, 108, 128

W

Widerklage, 120, 123, 125, 128
Widerrufsgrund, 2, 6, 40, 41, 74, 75, 116
Widerrufsgründe, 81, 85
Widerspruch, 57, 58, 84, 99, 115–119, 124
Widerspruchsmarke, 116–118
Wirkung, aufschiebende, 51
Wissenschaftler, 10
Würdigung, rechtliche, 80

Z

Zeichnung, 21
Zeitrang, 88, 116
Zentralkammer, 113
Zivilgericht, 106, 121
Zulässigkeit, 41, 49, 65, 69
Zuschlagsgebühr, 113
Zustellung, 49, 51, 63, 77, 78, 102

 Springer springer.com

Erfinderhandbuch

Jürgen R. Dietrich
Thomas Heinz Meitinger

Innovations- und Patentmanagement für Erfinder, Ingenieure und mittelständische Unternehmen

Springer Vieweg

Jetzt bestellen:
link.springer.com/978-3-662-62908-6

 springer.com

Patentstrategien

Thomas Heinz Meitinger

Patentanmeldestrategien und Abwehr störender Patente

Springer Vieweg

Jetzt bestellen:
link.springer.com/978-3-662-65088-2

 Springer   springer.com

Thomas Heinz Meitinger

Revolutionäre Patente

Von James Watt, Nikola Tesla bis Elon Musk

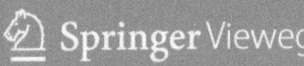 Springer Vieweg

Jetzt bestellen:
link.springer.com/978-3-662-65709-6

If you have any concerns about our products,
you can contact us on
ProductSafety@springernature.com

In case Publisher is established outside the EU,
the EU authorized representative is:
**Springer Nature Customer Service Center GmbH
Europaplatz 3, 69115 Heidelberg, Germany**

Printed by Libri Plureos GmbH
in Hamburg, Germany